Sunil Dulal

Mancha foliar de Alternaria e sua gestão

Sunil Dulal

Mancha foliar de Alternaria e sua gestão

ScienciaScripts

Imprint

Cover image: www.ingimage.com

This book is a translation from the original published under ISBN 978-3-659-84847-6.

Publisher:
Sciencia Scripts
is a trademark of
Dodo Books Indian Ocean Ltd. and OmniScriptum S.R.L publishing group

120 High Road, East Finchley, London, N2 9ED, United Kingdom
Str. Armeneasca 28/1, office 1, Chisinau MD-2012, Republic of Moldova, Europe
Managing Directors: Ieva Konstantinova, Victoria Ursu
info@omniscriptum.com

Printed at: see last page
ISBN: 978-620-8-61071-5

ÍNDICE DE CONTEÚDOS

AGRADECIMENTOS

I Dr. Sundar Man Shrestha pelo seu apoio total, orientação especializada, compreensão e encorajamento ao longo do meu estudo e investigação. Não teria sido possível redigir esta tese sem a sua ajuda e o seu apoio contínuo.

Além disso, gostaria de expressar a minha gratidão a um dos membros da minha comissão, Shankar Gaire, pela sua orientação diária, pelo seu encorajamento e pela partilha de ideias ponderadas.

Gostaria também de manifestar o meu apreço a Shree Krishna Pandit e Chandra Prasad Sapkota pela sua ajuda no trabalho quotidiano de laboratório. Gostaria também de agradecer à biblioteca do IAAS pela disponibilização de artigos, revistas e livros.

Estou em dívida para com os meus colegas Biplov Oli, Krishna Dhakal, Krishna Upadhaya e Anupama Sharma. Estou grato aos meus superiores Pramod Pantha e Saru Acharya e aos meus juniores Dipak Timilsina, Mukesh Yadav, Pratiksha Shrestha, Suraj B.C., Jagrit Khanal, Jaya Shankar Sharma, Sujan Poudal, Susmita Subedi, Saloni Thapa, Srijana Bastola, Samikshya Khanal, Kailesh Pandey, Bijay Shrestha, Saurav Marahatta, Sudip Adhikari e Arun Chapain.

RESUMO

O brócolo *(Brassica oleracea* L., *italica)* é uma das culturas hortícolas de inverno mais importantes e comparativamente mais recentes no Nepal, com grandes benefícios para a saúde. No entanto, o rendimento foi significativamente reduzido por diferentes doenças transmitidas pelas sementes e pelo ar. A mancha foliar de Alternaria tem sido considerada uma das doenças mais importantes das crucíferas nas regiões do Terai e do Terai Interior do Nepal. Nas crucíferas, foram registadas perdas de rendimento médias de 32-57% devido à mancha foliar de Alternaria. No entanto, no Nepal, não existem até à data estudos sobre métodos de controlo da mancha foliar de Alternaria nos brócolos. Por conseguinte, o presente estudo foi realizado para avaliar o efeito de diferentes extractos botânicos e de Mancozeb 75% na gestão da mancha foliar de Alternaria. Foi realizada uma experiência para descobrir as medidas de controlo adequadas (químicas e botânicas) contra a mancha foliar de Alternaria nos brócolos em Rampur, Chitwan, entre dezembro de 2014 e abril de 2015. Foram testados cinco tratamentos diferentes, nomeadamente o extrato a 10% v/v de *Acorus calamus, Allium sativum* e *Artimesia vulgaris,* Mancozeb 75% ($3gml^{-1}$) e o controlo, através do tratamento de sementes e da pulverização foliar na planta de brócolos no campo. O tratamento de sementes com Mancozeb 75% foi significativo (1% de incidência do agente patogénico) seguido de *Acorus calamus.* No campo, o AUDPC da folha foi significativamente reduzido por Mancozeb 75%, seguido por *Acorus calamus, Allium sativum* e *Artimesia vulgaris.* Do mesmo modo, o AUDPC da vagem foi significativamente reduzido pelo Mancozeb 75%, seguido *do Acorus calamus* e *do Allium sativum.* O rendimento e o teste de inóculo das sementes colhidas não foram significativamente diferentes entre os tratamentos, no entanto, o maior rendimento de sementes e a incidência mínima de agentes patogénicos foram obtidos nas parcelas tratadas com Mancozeb 75%. Os resultados revelaram que o Mancozeb 75% foi o tratamento mais eficaz contra a mancha foliar de Alternaria. No entanto, *o Acorus calamus* e o *Allium sativum* podem ser alternativas potenciais para a gestão da mancha foliar de Alternaria na produção de sementes de brócolos. Globalmente, o extrato botânico pode servir como alternativa viável para a gestão da mancha foliar de Alternaria nos brócolos e esta estratégia pode também ser utilizada noutras culturas hortícolas crucíferas.

Capítulo 1

INTRODUÇÃO

1.1 Antecedentes

Os brócolos *(Brassica oleracea* L., *italica)* são uma das mais importantes e comparativamente mais recentes culturas hortícolas de inverno no Nepal (Ghimire *et al.,* 1993). É cultivada em 675 ha, com uma produção total de 6,305 Mt por ano (Nepal Vegetable Crops Survey, 2009-10). De acordo com a base de dados nacional do USDA, uma chávena de brócolos crus picados (aproximadamente 91 gramas) contém 31 calorias, 0 gramas de gordura, 6 gramas de hidratos de carbono e 3 gramas de proteínas (2014).

No Nepal, os brócolos são popularmente cultivados em climas tropicais a temperados. A temperatura mínima e máxima de crescimento dos brócolos é de 0°C e 29°C, respetivamente, mas a gama de temperaturas óptima situa-se entre 15°C e 22°C (Zvolo e Respondek, 2007).

De acordo com Drost e Johnson (2010), as doenças comuns dos brócolos são a mancha foliar de Alternaria, a perna preta, o amortecimento, o míldio, a podridão do taco, a podridão da cabeça e a mancha foliar bacteriana. Entre elas, a mancha foliar de Alternaria é uma das doenças importantes que afectam a produção de sementes de brócolos (Kucharel, 1985). A mancha foliar de Alternaria aparece nas folhas, no caule e nas vagens. A doença é grave quando as plantas são deixadas para a produção de sementes no campo e causa uma redução significativa no rendimento das sementes (Chand *et al.,* 2013).

A mancha foliar de Alternaria na maioria das culturas crucíferas é causada por *Alternaria brassicae* (Berk.), *A. raphani* e *A. brassicicola* (Sch.) (Ferreira e Boley, 1991). *Alternaria brassicicola* e *Alternaria brassicae* causam a mancha foliar escura em Brassica, que é um problema grave na produção de vegetais de Brassica em todo o mundo (Humpherson-Jones, 1992). Todas estas espécies de *Alternaria* são agentes patogénicos das brássicas transmitidos por sementes (Fazal *et al.,*

1994).

Em 1965 (2022 B.S.), a doença da mancha foliar de Alternaria foi registada no Nepal em crucíferas (Shrestha, 1990). Atualmente, é considerada uma das doenças mais importantes das crucíferas nas regiões do Terai e do Terai interior do Nepal (Shrestha e Chaudhary, 1999). A ocorrência da doença nas crucíferas é mais frequente em condições climáticas tropicais, quentes e húmidas (Chaudhary, 1999). A incidência de *A. brassicicola* em sementes maduras pode atingir até 70-90% e a colonização interna até 62-80% das sementes (Kohl *et al.,* 2010).

As espécies de *Alternaria* que causam a doença da mancha foliar de Alternaria em plantas crucíferas podem ser transmitidas por sementes através de micélio dentro da semente ou de esporos transitórios na semente, bem como pelo solo. É uma doença muito disseminada e destrutiva das crucíferas na Índia, e os agentes patogénicos sobrevivem no solo juntamente com o refúgio das plantas infectadas (Pandey, 1999). O agente patogénico hiberna como micélio ou esporos em restos de plantas infectadas e em sementes. O sintoma de amortecimento pode ocorrer se a espécie de fungo for transportada com as sementes.

Os sintomas começam sob a forma de pequenas manchas de cor castanha escura a preta, que depois se transformam em manchas concêntricas com alguns mm a alguns cm de diâmetro. Os sintomas são observados nas folhas, na inflorescência, na vagem e nas sementes. Estas manchas podem coalescer, levando ao escurecimento completo do silício ou ao enfraquecimento do caule com a formação de lesões alongadas. A mancha foliar de Alternaria afecta as vagens e murcha as sementes, ou mata os caules das vagens antes da formação das sementes, e pode permitir o desenvolvimento de podridão mole bacteriana no caule. O agente patogénico pode invadir as sementes externa e internamente, o que provoca o encolhimento do tamanho das sementes e a redução da percentagem de germinação. As sementes infectadas actuam como fonte principal de inóculos para iniciar o ciclo da doença na nova estação. Na cultura de sementes, a doença causa infeção das síliquas, reduz o número de sementes/síliquas e prejudica a qualidade das sementes (Duhan e Suhag, 1989). Na couve-flor, o agente patogénico pode reduzir o peso de teste das sementes em 49-97%. O principal efeito da infeção das sementes por *A. brassicae* é a redução da emergência. Foram registadas no Nepal perdas médias de rendimento na ordem dos 32-57% devido ao míldio de Alternaria (Shrestha *etal.,* 2005). Foi registado nos vales de Katmandu e Chitwan que o rendimento do rabanete foi reduzido até 45% (Shrestha, 1996). A doença é transmitida pelas sementes e pelo solo. O agente patogénico pode sobreviver nos resíduos de culturas infectadas, mas a população do fungo diminui acentuadamente após 2 meses de colheita, o que mostra que o agente patogénico é principalmente transmitido por sementes.

O ataque severo da doença aparece geralmente a seguir ao nevoeiro. Os conídios formam-se abundantemente em tempo húmido. A dispersão do fungo faz-se através do solo, das sementes e dos detritos. A infeção por *Alternaria* nas crucíferas ocorre através dos estomas e as novas manchas aparecem muito rapidamente. Se as condições climatéricas forem favoráveis, os conídios formam-se três ou quatro dias após a infeção (Pandey, 1999). A forma, o tamanho, a cor e o número de septos longitudinais e transversais dos conídios dependem das espécies de *Alternaria,* que estão também associadas às espécies de plantas hospedeiras.

Um dos principais problemas associados a esta cultura no Nepal é a falta de sementes de alta qualidade das variedades desejadas (Devkota, 2000). A maioria das variedades de brócolos lançadas até agora para cultivo comercial não são resistentes à mancha foliar de Alternaria. Assim, a estratégia de gestão da doença depende exclusivamente dos métodos químicos nesta cultura. O fungo é controlado por vários produtos químicos, extractos botânicos e agentes de biocontrolo com diferentes graus de sucesso. Os produtos químicos utilizados para controlar a Alternaria são o Dithane M-45, Blitox, Bavistin, Bordeaux mixture, Captafol, Iprodine, etc. Os produtos químicos são utilizados no tratamento de sementes e na pulverização foliar. A pulverização foliar com produtos químicos parece ser mais eficaz no controlo da doença. Para o controlo do míldio de *Alternaria* da couve-flor, Captafol foi considerado o melhor, seguido de Dithane M-45, para proporcionar o máximo rendimento (Sinha e Prasad, 1989), enquanto que para o míldio de *Alternaria* da cultura de sementes de rabanete, Dithane M-45 (0,25%) provou ser o mais eficaz, seguido de 0,4% de mistura Bordeaux (Hussaini e Singh,

1989). Mancozeb foi o melhor entre todos os tratamentos, resultando na menor severidade da doença nas folhas de mostarda (Meena *et al.*, 2004). A pulverização de iprodiona (Rovral) foi considerada eficaz no controlo da infeção das síliquas por *A. brassicae* (Cox *et al.*, 1983). Entre os produtos botânicos, os extractos de *Allium sepa, Allium sativum, Acorus calamus, Canna indica, Eucalyptus spp, Dhatura spp.* etc. foram identificados como tendo um papel no controlo de várias espécies de *Alternaria.* Os extractos de *Canna indica*, *Convolvulus arvensis*, *Ipomoea palmata*, *Cenchrus catharticus*, *Mentha piperita*, *Prosopsis spicigera*, *Allium cepa*, *A. sativum*, *Lawsonia inermis*, *Argemone mexicana*, *Datura stramonium* e *Clerodendron inerme* inibiram completamente a germinação de esporos de *A. brassicae* isolada de folhas de couve-flor (Sheikh e Agnihotri, 1972).Begum et al. (2007) estudaram a atividade antifúngica do extrato etanólico de 40 plantas superiores, representando 23 famílias, contra 6 fungos fitopatogénicos *(Alternaria alternata; Curvularia lunata; Fusarium equiseti*; *Macrophomina phaseolina*; *Botryodiplodia theobromae* e *Colletotrichum corchori).* Os resultados revelaram que os dois extractos de plantas mais activos com potencial antifúngico foram *Acorus calamus* e *Piper betel.* Os resultados mostraram que o crescimento de *A. brassisicola*, *B. cinerea*, *M. grisea* e *P. cucumerina* foi inibido pelo extrato de alho a 20 pl por teste *in vitro*.

Embora muitos fungicidas químicos sintéticos desempenhem um papel importante na proteção das culturas, a utilização intensiva e indiscriminada desses produtos químicos pode ter efeitos adversos nas culturas, nos organismos antagonistas e nos predadores de insectos nocivos. O problema mais grave é o desenvolvimento de estirpes residentes de fungicidas que conduzem ao fracasso do controlo da doença e à redução do número de ingredientes activos disponíveis (Prithiviraj *et al.*, 1997).

A investigação recente tem sido orientada para o desenvolvimento de métodos ecológicos de controlo de doenças, como o controlo biológico, a utilização de resistência induzida por meios bióticos e abióticos (Lyon *et al.*, 1995) e a utilização de produtos naturais biodegradáveis, especialmente de plantas medicinais (Prithiviraj *et al.*, 1997). Foram utilizados e estão a ser explorados vários produtos vegetais naturais com atividade pesticida, a fim de desenvolver pesticidas seguros. No Nepal, os agricultores utilizam diferentes extractos botânicos para o controlo de diferentes pragas e doenças. No entanto, falta um estudo sistemático sobre o extrato botânico no controlo da mancha foliar e do míldio dos brócolos. Por conseguinte, o presente estudo foi realizado com os seguintes objectivos

1.2 Objectivos

i) Determinar a incidência e a gravidade da mancha foliar de Alternaria nas fases vegetativa e reprodutiva dos brócolos.

ii) Determinar a medida de controlo adequada da doença da mancha foliar de Alternaria (química e não química).

Capítulo 2

Revisão da literatura

1.3 O agente patogénico

1.3.1 Taxonomia e nomenclatura

O fungo que forma manchas zonadas de cor castanha escura a quase preta, circulares, em crucíferas foi descrito pela primeira vez como *Helminthosporium brassicola* Schw. Posteriormente, Saccardo (Subramanian, 1971) descreveu o mesmo fungo como *A. brassicae* v. *minor,* embora, tal como indicado por Wiltshire, o fungo por ele concebido fosse evidentemente *A. brassicicola* (Schw.) Wiltshire. Há relatos de espécies de *Alternaria* associadas a diferentes géneros da ordem Pleosporales. Mas a reprodução sexual é menos comum do que a reprodução assexuada e só ocorre após a morte do hospedeiro, se é que alguma vez ocorre. Assim, os micologistas que conseguem identificar *Alternaria* não conseguem nomear os teleomorfos aos quais estão associados (Alexopopulus *et al.,* 1996). Existem 299 espécies listadas no género (Kirk *et al.* 2008). A classificação atual dos fungos *Alternaria* é a seguinte Reino Fungi, Filo Ascomycota; Subdivisão Pezizomycotina; Classe Dothideomycetes; Ordem Pleosporales; Família *Pleosporaceae;* Subfamília Pleosporaceae mi tosporica; Género *Alternaria* (http://www.uniprot.org/taxon-omy/5 598).

Reino: Fungi

Filo: Ascomycota

Subdivisão: Pezizomycotina

Classe: Dothideomycetes

Ordem: Pleosporales

Família: *Pleosporaceae*

Género: *Alternaria*

1.3.2 Morfologia

As caraterísticas morfológicas dos micélios, conídios e conidióforos dependem de vários factores, tais como a temperatura, o pH, a nutrição, a luz, a humidade e a idade do isolado (Rangel, 1945).

No caso da *Alternaria brassicae,* o micélio vegetativo é hialino e tem 4-8 p de largura. Os conidióforos são anfígenos, surgem em grupos de 2-10 ou mais através dos estomas, principalmente no centro da mancha ou nas marcas concêntricas. São ligeiramente inchados na base e arredondados no ápice, de cor cinzento-fumo ou azeitona acinzentada, geralmente simples, raramente ramificados, rectos ou ondulados e geniculados com uma cicatriz proeminente em cada geniculação. Os conidióforos são 0-7 septados com 14-17 p de comprimento e 6-11 p de largura (Subramanian, 1971). Os conídios são produzidos isoladamente ou em cadeias de até quatro, que são obclavados, rectos ou ligeiramente curvos, elípticos ou ovais (Barmett e Hunter, 1972). A cor dos conídios é olivácea acinzentada clara a olivácea acinzentada, com uma superfície lisa (ou discretamente vergada). O tamanho varia de 76-350 x 11-42 p com um comprimento de bico de cerca de um terço a metade do comprimento dos conídios e 4-8 p de largura com 16-19 (principalmente 1115) septos transversais e 0-8 (principalmente 0-3) septos verticais (Subramanian, 1971). As caraterísticas que distinguem *A. Brassicae* de outras espécies são os conidióforos robustos de cor clara, que contêm cadeias curtas de conídios. Os conídios têm relativamente poucos septos transversais com bicos grossos e a superfície dos esporos é lisa.

No caso de *A. brassicicola,* os micélios vegetativos no tecido são hialinos no início, e castanhos ou oliváceos mais tarde, inter e intracelulares e com 1,5-7,5 p de largura. Os conidióforos são oliváceos, raramente ramificados, 0-3 septados, anfígenos e surgem isoladamente ou em sulcos de 2-12 ou mais através dos estomas. São rectos e erectos quando solitários, e frequentemente enrolados quando fasciculados. Eles não são marcadamente geniculados, geralmente com uma única cicatriz terminal e às vezes com cicatriz lateral também e medem 20- 70 x 5-8 ц em tamanho (Subramanian, 1971). Os conídios são carregados em cadeias de até 20 ou mais e de cor olivácea clara a olivácea escura. Eles são quase cilíndricos, oblongos, geralmente afinando ligeiramente em direção ao ápice, ou obclavados e com a célula basal arredondada. O bico é geralmente quase inexistente, sendo a célula apical mais ou menos retangular ou semelhante a um cone truncado, mas ocasionalmente mais desenvolvida. Os conídios são curtos e grossos, lisos ou tornando-se ligeiramente verrugosos com a idade e medem 18-130 x 8-30 ų com o bico cerca de um sexto do comprimento do esporo e 6-8 ų de largura. Eles têm 1-11, mas geralmente menos de seis septos transversais e geralmente até seis septos longitudinais (Subramanian, 1971). As caraterísticas desta espécie são conídios ligeiramente cilíndricos a oblongos, bico pouco desenvolvido, superfície predominantemente lisa e poros facilmente visíveis nos septos (Subramanian, 1971).

1.3.3 Gama de anfitriões

O fungo *Alternaria* é um saprófito ubíquo a um agente patogénico generalizado de uma variedade de culturas. O fungo ataca uma vasta gama de plantas cultivadas e selvagens. A maioria das cultivares comerciais de muitas brássicas hortícolas e forrageiras são susceptíveis aos agentes patogénicos. Foram detectados ataques regulares de *A. brassicae, A. brassicicola* e *A. raphani* em mostarda e rabanete (Degenhardt *et al.,* 1982). Os agentes patogénicos, particularmente *A. brassicae*, também infectam um grande número de hospedeiros colaterais da família Brassicaceae e outras ervas daninhas, nomeadamente: *Armoracia rusticana* Gartn.(Rabanete), *Brassica rapa* subsp.Chinensis (L) hanelt (pakchoi), *B. Oleracea* var.*botrytis* L. (couve-flor), *B.oleracea var.Italica* L. (brócolos), *B. oleracea var.gemmifera* DC (couve-galega), *B.nigra* (L) Kock. (mostarda preta), *B. rapa subsp. pekinensis* (Lour.) Hanelt (couve-chinesa), *Bunias orienatlis* L. (búnias), *Cochlearia officinalis* L. (erva-dos-escorbutos), *Iberis amara* L. (tufo-de-anjo), *Isatis tinctoria* L.(woad), *Lepidium sativum* L. (garden cress), *Mathiola inacana* (L.), *Sinapsis alba* L. (white mustard), *Brassica campestris* L.var.sarson (rapeseed), *Brassica compestris* L. var.toria (mustard), *Sisymbrium orientale* L. (Shrestha,1994).

1.3.4 Ciclo da doença

Verificou-se que a doença causada por *A. brassicae* e *A. brassicicola* se desenvolve em três fases. Aparece primeiro nas folhas em contacto com o solo quando a humidade relativa é elevada, espalhando-se depois da polinização durante um período de chuva forte. A orientação da folha é importante para proporcionar uma plataforma para a infeção a partir da queda de pétalas contaminadas. A última fase é o aparecimento de sintomas nos frutos (Wadhwani e Dudeja, 1982).

Como a doença é transmitida por sementes (Chahal e Kang, 1979), as sementes infectadas podem desempenhar um papel fundamental na transmissão da doença no campo. Tanto as sementes contaminadas à superfície como as infectadas internamente transmitem a doença, mas a infeção das plântulas está mais estreitamente correlacionada com esta última (Maude e Humpherson-Jones, 1980a). *A. brassicicola* mantém a sua viabilidade e patogenicidade em sementes de *Brassica oleracea* armazenadas até 12 meses (Sivapalan e Browning, 1992). Por vezes, o fungo é transportado como micélio latente na semente, o que foi demonstrado pela semente tratada à superfície que ainda podia produzir sintomas de infeção nas plântulas, mas estava completamente ausente nas sementes descascadas (Rangel, 1945; Mridha e Safa, 1985; Ansari *et al.,* 1989c). Foi observada uma correlação positiva entre a infeção das sementes e a transmissão da doença nas plântulas (Shrestha, 1994). Os esporos e o micélio presentes nos restos de plantas doentes também servem como meio de perenização. Muitos investigadores conseguiram isolar o fungo de resíduos de culturas enterrados no solo durante um ano (Tripathi e Kaushik, 1984; Maude *et al.,* 1985; Ansari *et al.,* 1989c; Humpherson-Jones, 1989). No entanto, o fungo não foi detectado em detritos enterrados no solo, enquanto as frequências de infeção foram inferiores a 50% da infeção inicial dos detritos colocados à superfície do solo e à temperatura ambiente.

A. brassicae e *A. brassicicola* podem sobreviver sob a forma de microesclerócios e clamidósporos que aparecem depois de as folhas infectadas se terem decomposto parcialmente (Tripathi e Kaushik, 1984). Os microesclerócios e clamidósporos dos agentes patogénicos podem ser formados dentro de células conidiais. Tanto os microesclerócios como os clamidósporos desenvolveram-se a baixas temperaturas (3° C) e foram resistentes ao congelamento e à dessecação (estudos *in vitro*). Os conídios de *A. brassicae* transformaram-se em microesclerócios ou clamidósporos quando a cultura ou partes de plantas doentes foram expostas a 3° C durante pelo menos 6-10 dias (Tsuneda e Skoropad, 1977a). Os clamidósporos também se podiam desenvolver em células conidiais em solo natural à temperatura ambiente (Tsuneda e Skoropad, 1977a).

A. brassicae germinou numa vasta gama de temperaturas, de 8° C a 32° C, mas a germinação ocorreu mais rapidamente no espaço de três horas, quando a temperatura se situava entre 21 e 28° C (em que 98% dos esporos germinaram). À medida que a temperatura diminuía, aumentava a duração da germinação de 98% dos esporos (Dengenhardt *et al.,* 1982). *A. brassicicola* requer temperaturas relativamente mais altas para germinar. 98% dos esporos germinaram após 10 horas a 15° C e após 3 horas a 30° C (Dengenhardt *et al.,* 1982). A germinação também requer a presença de humidade sob a forma de água livre ou de humidade relativa mais elevada (pelo menos 95%) (Dengenhardt *et al.,* 1982).

Na natureza, a infeção inicia-se quando um conídio de *Alternaria* pousa na superfície da folha. A formação do tubo germinativo começa dentro de três horas em condições de humidade elevada (>90%) e de humidade da folha. De cada conídio surgem normalmente vários tubos germinativos que crescem em todas as direcções (Aveling *et al.,* 1994; Mims *et al.,* 1997). Os tubos germinativos que estavam em contacto com a membrana de diálise subjacente continuaram a crescer ao longo da sua superfície. Cada tubo germinativo germinava geralmente num aspersório bulboso formado diretamente na célula epidérmica ou num estroma (Avelingi *et al.,* 1994). Os esporos germinados penetraram nos tecidos susceptíveis diretamente ou através de feridas e tornaram-se subcuticulares nas folhas.

A penetração de *A. porri* nas folhas de cebola ocorreu em células epidérmicas não feridas e estomas (Everts e Lacy, 1987). Seguiu-se a colonização das células epidérmicas e do mesofilo (Tiwari, 1986). As lesões resultaram do crescimento intercelular das hifas e da destruição dos tecidos.

Os conídios formaram-se abundantemente em atmosfera húmida e foram disseminados pelo vento e pela chuva, causando infeção secundária (Rangel, 1945; Maude e Humpherson-Jones, 1980a, 1980b; Ansari *et al.,* 1989a). Durante o período de desenvolvimento da doença no campo experimental, Shrestha (1994) apanhou um grande número de esporos de *A. brassicae* transportados pelo ar, o que indicava que os esporos do fungo transportados pelo ar eram responsáveis pela propagação secundária do míldio foliar de Alternaria no campo. Num teste de amostragem em campos de sarsoon e tatamira, verificou-se que os conídios de *A. brassicae* estavam presentes em todas as alturas durante as estações de crescimento, mas não se encontraram conídios de *A. brassicicola* ao meio-dia e às 18 horas. Os esporos de *A. alternata* no grão-de-bico eram produzidos mais à noite, o que contribuía para a rápida disseminação do agente patogénico e da doença, tornando-se livremente transportados pelo ar da planta de grão-de-bico (Bhargava e Khare, 1988). A recombinação assexuada (crossing-over mitótico e haploidização) pode ocorrer através do ciclo parassexual, o que pode ser uma fonte de variação. Embora não se saiba se a recombinação parassexual ocorre habitualmente em *Alternaria* no campo, foi registada a formação de heterocariões neste fungo em experiências laboratoriais (Adachi e Tsuge, 1994).

1.4 Sintomas

A maioria das plantas crucíferas é suscetível à mancha foliar de Alternaria. *A. brassicicola* e *A. brassicae* produzem os sintomas da doença desde a fase de plântula até à maturidade. Os agentes patogénicos causam o amortecimento das plântulas das crucíferas. Os sintomas causados pelos dois agentes patogénicos são semelhantes e ambos podem ser encontrados na mesma planta.

1.4.1 Sintomas na folha

A mancha foliar é o sintoma mais comum da doença de Alternaria. Os sintomas aparecem inicialmente nas folhas mais velhas, passando depois para as folhas mais novas. Os sintomas aparecem sob a forma de pequenas manchas que se expandem para formar lesões concêntricas de cor castanha escura ou preta com 1 cm ou mais de diâmetro e, por vezes, coalescem para formar manchas maiores. As manchas nas lâminas das folhas variam em tamanho, desde manchas circulares escuras de tamanho pontual, jovens, até manchas pretas, castanhas ou bronzeadas de 5 a 7,5 cm (Kucharek, 2000). As manchas derivadas *da A. brasicicola* são mais escuras e de forma menos regular em comparação com as de origem *A. brassicae*. A Alternaria produz uma toxina específica do hospedeiro que se difunde no tecido antes do fungo, pelo que se observa clorose à volta da lesão, que desaparece no tecido saudável das folhas. As lesões mais antigas podem estar cobertas por um tapete de esporos, que são amarelos no caso da *A. brassicae* e castanho-azeitona escuro no caso da *A. brassicicola* (Humpherson-Jones 1988). As manchas maiores podem ter uma coloração verde-escura e preta de crescimento difuso nas manchas, geralmente concentrado no centro. Este crescimento felpudo e escuro consiste nos esporos do fungo (conídios) e nos talos dos esporos (conidióforos). O crescimento difuso e escuro pode ser interrompido, formando anéis concêntricos dentro da mancha foliar. Isto é o resultado de interrupções em condições climatéricas favoráveis à produção de esporos (kucharek, 2000).

1.4.2 Sintomas na vagem

À medida que o crescimento da planta progride, os sintomas também são observados nos caules florais e nas vagens. O agente patogénico causa manchas necróticas elípticas nos caules das sementes e nas vagens. Na inflorescência e nas vagens observam-se pequenas manchas escuras, castanhas ou pretas. O número de lesões pode variar de poucas a muitas, matando as vagens inteiras (Shrestha, 1994). As lesões na vagem podem estender-se ao interior da vagem e atacar as sementes, fazendo-as murchar. A podridão da semente pode ser observada logo abaixo da mancha preta na síliqua da toria e do sarcófago amarelo ou castanho (Meena *et al,* 2010). O agente patogénico pode fazer murchar as sementes dentro da vagem ou matar a vagem antes da formação da semente. As sementes afectadas são pequenas, murchas, de peso reduzido, de cor mais escura com pequenas lesões negras. A doença afecta negativamente a qualidade da semente reduzindo o tamanho da semente e causando a sua descoloração e redução do teor de óleo (Howlider *et al.,* 1991). As manchas nas vagens resultam em perda de rendimento devido ao amadurecimento prematuro das vagens e à queda das sementes (Meena *et al.,* 2010).

A coalhada de couve-flor ou os floretes de brócolos infectados desenvolvem ligeiras mossas com manchas acastanhadas cobertas por uma proliferação negra de esporos. Nestas plantas, a infeção permanece geralmente à superfície e não atinge o fundo da coalhada ou do florete; no entanto, os floretes de couve-flor ou brócolos sintomáticos perdem o seu valor comercial.

1.5 Epidemiologia

O controlo eficiente, económico e ecológico da mancha foliar pode ser obtido através do conhecimento do seu momento de ataque em relação aos factores meteorológicos, o que pode permitir a previsão da sua ocorrência, de modo a permitir que os produtores tomem medidas atempadas de uma forma eficiente para a gestão das culturas. A mancha foliar de Alternaria é uma doença transmitida tanto por sementes como pelo solo. As principais fontes de transporte destes agentes patogénicos são as sementes infectadas com esporos no revestimento da semente ou a presença de micélio sob o revestimento da semente. A disseminação dos esporos ocorre através do vento, da água, de ferramentas e de animais. A presença de culturas infectadas deixadas no solo após a colheita também serve como fonte de infeção para muitas espécies de Alternaria. De acordo com Agrios (2005), é mais frequente os esporos serem produzidos em abundância, especialmente durante orvalho intenso e chuvas frequentes, e serem soprados a partir de micélio que cresce em detritos ou em plantas de culturas infectadas e ervas daninhas. Foi relatado que a esporulação de *A.brasssicae* é favorecida pela escuridão (Humpherson-Jones e Phelps, 1989). A investigação levada a cabo por Saharan e Kaidan (1984) e Dang *et al.,* (1995) estão de acordo em geral que a doença progride rapidamente quando a temperatura máxima e mínima se situa entre (16^0c-26oc) e (1,6-9,7oc) respetivamente, a humidade máxima situa-se entre (79-96%) e a velocidade do vento entre 2,5 e 6,0 km/h. Uma humidade relativa inferior a 67% não é propícia ao desenvolvimento da doença (Singh, 1998).

1.6 Gestão da doença

1.6.1 Gestão cultural

No Bangladesh, a sementeira precoce (18 de outubro) da mostarda foi considerada a mais adequada para escapar à gravidade da doença e obter o maior rendimento (Howlider *et al.,* 1986). A rotação com culturas não crucíferas e a erradicação de ervas daninhas crucíferas podem ajudar a controlar este agente patogénico. Uma vez que os esporos podem sobreviver nos tecidos foliares durante 8 a 12 semanas e nos tecidos do caule até 23 semanas, os campos que foram replantados pouco depois da colheita coincidiram frequentemente com uma grande quantidade de inóculos, o que pode afetar a emergência da cultura e as primeiras fases de crescimento (Humpherson-Jones, 1989). Khatun *et al.* realizaram uma investigação no inverno de 2005-2006 e 2006-2007 para descobrir o efeito das datas de sementeira e das variedades na gravidade da praga de *Alternaria* da mostarda, semeando oito variedades de mostarda em 4 datas diferentes. As suas conclusões indicaram que a combinação de datas de sementeira e variedades teve uma influência significativa na gravidade da doença e no rendimento das sementes. As percentagens de área foliar doente, infeção foliar, infeção da síliqua e manchas por síliqua foram as mais baixas na sementeira de 21 de outubro, que foram estatisticamente inferiores às outras datas de sementeira. A maior produção de sementes (1727 kg/ha) foi registada na sementeira de 01 de novembro, seguida da sementeira de 21 de outubro.

1.6.2 Gestão biológica

A pulverização de isolados do solo de *Trichoderma viridae* aos 45 e 75 dias após a sementeira pode gerir o míldio de Alternaria da mostarda indiana *(Brassica juncea)* tão eficazmente como o Mancozeb (Meena *et al.,2004}*. Estudos preliminares com o fungo actinomiceto, *Streptomyces arabicus,* indicaram um efeito antifúngico sobre *A. brassicae* e *A. brassicicola* em estudos laboratoriais e de campo (Sharma et al., 1984; Sharma et al., 1985). Na Finlândia, demonstrou-se que o tratamento de superfície com *S. griseoviridis* em pó (a 15 mg/g de semente) proporciona controlo contra *A. brassicicola,* mas não controla *A. raphani,* que infecta a parte interior da semente (Valkonen e Koponen, 1990). Quando a suspensão de esporos de *Streptomyces rochei,* ou seu difusor, foi aplicada à cultura de brássicas antes ou junto com *A. brassicae* e *A. brassicicola,* houve uma redução acentuada na intensidade da doença (Sharma e Gupta,1979; Sharma e Gupta ,1981).Os antagonistas como *Chaetomium globosum, Trichoderma harzianum, T. Os antagonistas como Chaetomium globosum, Trichoderma harzianum, T. koningii e Fusarium* spp. controlaram eficazmente *A. raphani* e *A. brassicicola* em rabanete (Vananacci e Harman, 1987). Também foi relatada a inibição efectiva do crescimento micelial de *A. solani*, que causa o míldio do tomateiro, por *Bacillus subtilis* e *Trichoderma viridae* (Babu et al., 2000). Também se verificou que *Bacillus* e *Pantoea* tinham uma forte atividade antifúngica tanto em condições in vitro como in vivo, mas *Curtobacterium* e

Sphingomonas mostraram actividades antifúngicas apenas in vitro contra *A. solani* isolado do tomate (Zhao et al., 2008).

1.6.3 Gestão de produtos químicos

De acordo com Gondall *et al.*, (2012) a maior redução da doença Alternaria leaf blight do tomateiro foi conseguida através da aplicação de Mancozeb 12 g/L de água num intervalo de 7, 14, 21 e 28 dias e os resultados globais revelaram que as pulverizações semanais de Mancozeb a 12 g/L de água foram rentáveis e ecológicas para a gestão da Alternaria blight do tomateiro. Singh e Singh (2006) testaram a eficácia de sete fungicidas, nomeadamente clorotalonil, oxicloreto de cobre, azoxistrobina, propinebe, hidróxido de cobre, mancozebe a 2500, 2000, 1000, 500 e 250 ppm e hexaconazol a 1000, 500, 200, 100 e 50 ppm contra *A. alternata*, que provoca o míldio do tomateiro. As suas observações revelaram que todos os fungicidas reduziram significativamente o crescimento radial do fungo. Para o controlo do míldio de *Alternaria* da couve-flor, verificou-se que o Captafol era o melhor, seguido do Dithane M-45, para proporcionar um rendimento máximo (Sinha e Prasad, 1989), enquanto que para o míldio de *Alternaria* da cultura de sementes de rabanete, o Dithane M-45 (0,25%) se revelou mais eficaz, seguido de 0,4% de mistura Bordeaux (Hussaini e Singh, 1989). Mancozeb (0,2%) foi considerado o mais eficaz para inibir o crescimento micelial de *A. solani* (Choulwar *et al.*, 1989). Singh e Singh (2002) relataram que três pulverizações de 0,25% de Dithane M-45 provaram ser superiores a outros fungicidas, por exemplo, Kavach, Foltaf, Bayleton, Baycor e Contaf 5 EC, em termos de rendimento adicional. Khan *et al.*, (2007) avaliaram três fungicidas sistémicos isolados ou em combinação com 4 fungicidas não sistémicos em várias concentrações de 50, 100, 150, 200 e 500 ppm, que foram pulverizados no campo a 0,2% a.i. Todos os fungicidas reduziram significativamente a gravidade da doença, mas o Ridomil MZ foi mais eficaz. O Topsin-M a uma concentração de 500 ppm foi o mais eficaz na redução do crescimento radial dos fungos patogénicos (74,2%). O Ridomil MZ reduziu a gravidade da doença em 32% e foi seguido em eficácia pela combinação Bavistin + Captaf (26,5%). Meena *et al.*, (2011) referiram que o Mancozeb registou a gravidade média mais baixa (folha: 33,1%; vagem: 26,3%) da praga de Alternaria e permitiu o aumento do rendimento de sementes secas da cultura. O hexaconazol foi muito eficaz , pois causou 100% de inibição do crescimento (Verma e Verma, 2010). Singh e Singh (2002) referiram que três pulverizações de 0,25% de Dithane M-45 se revelaram superiores a outros fungicidas, por exemplo: Kavach, Foltaf, Bayleton, Baycor e Contaf 5 EC, em termos de rendimento adicional. Verma e Verma, (2010) defenderam a adoção pelos agricultores de três pulverizações de Dithane M-45 (0,25%), Kavach (0,1%) ou Foltof (0,25%) com um intervalo de 10 dias para o controlo de *A. brassicicola* na couve.

1.6.4 Tratamento de sementes

A iprodiona tinha demonstrado atividade contra *Alternaria spp* e parecia ter potencial para controlar a Alternaria e erradicá-la das sementes (Humpherson-Jones e Maude, 1982; Humpherson-Jones *et al.*, 1982; Maude e Humpherson-Jones, 1982). Sementes de colza infectadas com Alternaria tratadas com iprodiona, @1,25g a.i. por kg de semente, reduziram os inóculos de *A. brassicae* nas sementes de 21 para 2,0% e de 14-4,5% (Stovold *et al.*, 1987). Thiridie (Thiram), Dithane M-45 e Captan também controlam significativamente a doença (Shrestha *et al.*, 2000). O tratamento das sementes com Thiram a 2% eliminou o amortecimento causado por *A.brassicicola* na couve (Tahvonen, 1879). A imersão de sementes em suspensões de Captan ou Thiram a 0,5% a 300C durante 24 horas eliminou eficazmente *A. raphani, A. brassicae* e *A. brassicicola* do rabanete (Holtzhausen, 1978). Walker (1952) recomendou o tratamento de sementes com água quente a 50°C durante 30 minutos para controlar doenças *de Alternaria* em couve, enquanto Ellis (1968) recomendou a mesma temperatura durante 25 minutos para eliminar a infeção por *Alternaria* de sementes *de Brassicaceae.* O tratamento de sementes com Thiram mais Captan (1:1) 0,3% e quatro pulverizações de Zineb (0,25%) foram considerados bastante eficazes para controlar esta doença na malagueta (Jharia *et al.*, 1977).

1.6.5 Gestão botânica

Os extractos de *Canna indica, Convolvulus arvensis, Ipomoea palmata, Cenchrus catharticus, Mentha piperita, Prosopsis spicigera, Allium cepa, A. sativum, Lawsonia inermis,*

Argemone mexicana, Datura stramonium e *Clerodendron inerme* inibiram completamente a germinação de esporos de *A. brassicae* isolados de folhas de couve-flor (Sheikh e Agnihotri, 1972). A forte ação inibidora do extrato de etanol ou metanol de speed weed (*Polygonum perfoliatum*) contra a germinação conidial de *A. brassicicola* que causa a mancha foliar da couve de colher foi relatada por Ching (2007). O extrato de folha de neem mostrou uma eficácia elevada para inibir o crescimento radial de *A. solani* (43,3 e 26,7% a 0,1% e 0,01% respetivamente) (Sharma *et al.,* 2007). Mungkornasawakul *et al.*, (2002) extraíram rizoma seco e em pó de *Acorus calamus* com um banho de ultra-sons utilizando diclorometano como solvente e utilizaram várias concentrações (0,01-0,15 %) para determinar a atividade antifúngica em ágar PDA contra *Alternaria* spp. isoladas de manchas foliares. Os resultados indicaram que *Alternaria* spp. eram sensíveis ao extrato de *Acorus calamus*. O crescimento de todos os fungos testados foi completamente inibido na concentração de 0,10% para cima. O composto antifúngico encontrado no *A. calamus* é a P-asarona, que é considerada o composto biologicamente mais ativo nos rizomas. Devi e Ganjewala (2009) avaliaram a atividade antimicrobiana do rizoma e dos extractos de folhas de *Acorus calamus* obtidos com diferentes solventes, *nomeadamente* éter de petróleo, clorofórmio, hexano e acetato de etilo. O estudo sugeriu claramente que os rizomas e as folhas de *A. calamus* devem possuir o princípio ativo a e P-asaronas, que se acredita ser responsável pelas suas actividades antimicrobianas.

O efeito inibitório do extrato de bolbo de alho sobre o crescimento micelial de *A. tenuis* - organismo *causal* da mancha foliar de brinjal foi relatado por Datar (1996). Além disso, Singh et al., (2013) relataram que os extractos de plantas viz., *C. procera, W. somnifera,* folhas de *A. indica,* caroço de sementes de *A.indica,* bagas verdes de *A. sativum* bulband *S. suratteuse* preparadas em água destilada, acetona ou metanol inibiram significativamente o crescimento micelial, bem como a germinação de esporos de *A. brassicae.* Os resultados mostraram que os extractos de folhas *de Azadirachta* preparados em água destilada, acetona e metanol foram inibidores do crescimento micelial de *A. brassicae* em PDA e também da germinação de esporos do fungo. A inibição do crescimento e da germinação de esporos do fungo aumentou com o aumento da concentração dos extractos de teste preparados nos três solventes. A inibição foi mais espetacular quando os extractos foram utilizados a 15% de concentração. Estudos de campo realizados em condições de inoculação artificial revelaram que duas pulverizações foliares de extractos aquosos (10%) de sementes de *A. indica, C. procera* ou folhas de *A. indica* suprimiram a praga *de Alternaria* (singh *et al.,* 2013). A maior redução na gravidade da praga foliar de Alternaria foi causada por Mancozeb (64,3-19,6%) com eficácia semelhante do extrato de bolbo de alho sozinho (61,6-11,9%) ou em combinação com urina de vaca (60,1-12,8%) (Singh *et al.,* 2013). O extrato aquoso de alho do bolbo foi relatado como eficaz contra a praga de Alternaria da mostarda indiana ainda antes (Meena *et al.,* 2004). A aplicação de 1% (w/v) de extrato aquoso de bolbo de *Allium sativum* aos 45 e 75 dias após a sementeira (DAS) resultou na menor severidade da praga nas folhas e vagens e no maior rendimento de sementes (Meena *et al.*, 2008).

Capítulo 3

MATERIAIS E MÉTODOS

1.7 O sítio experimental

1.7.1 Localização do campo experimental

O estudo foi realizado na quinta de horticultura do Instituto de Agricultura e Ciência Animal (IAAS), Rampur, Chitwan, entre dezembro de 2014 e abril de 2015. Geograficamente, localiza-se a 22° 37' de latitude norte e 84° 25' de longitude leste, com uma elevação de 228 masl (Thapa e Dangol, 1988). A localização situa-se na região do Terai interior da região de desenvolvimento central do Nepal. Foram efectuados testes *in vitro* para o tratamento de sementes com diferentes extractos botânicos e fungicidas no laboratório de patologia vegetal do IAAS.

1.7.2 Condição climática

O sítio experimental situa-se na zona climática subtropical do Nepal. Existem três estações distintas nesta zona: a estação das monções (maio a outubro), a estação do inverno (novembro a fevereiro) e a estação do verão (março a abril). A temperatura aumenta de março a junho e diminui com a monção de verão. O período de abril a setembro é o mais quente do ano. 75% da chuva total ocorre durante os meses de junho e julho.

1.8 Tratamentos

1.8.1 Seleção dos tratamentos

Foram selecionados para a experiência um total de 5 tratamentos, incluindo o controlo. A variedade local de brócolos mais comum, Kalabrese, foi selecionada para a experiência. Os tratamentos aplicados no campo foram também utilizados no laboratório para a cultura *in vitro* e o tratamento de sementes. Os pormenores dos tratamentos foram os seguintes:

Quadro 1. Pormenores dos tratamentos, no IAAS, Rampur, durante 2014-2015

S.N.	Tratamentos	Símbolo

1.	Alho (*Allium sativum*)	T1
2.	Titepati (*Artimesia vulgaris*)	T2
3.	Mancozebe (75%)	T3
4.	Controlo	T4
5.	Bojho (*Acorus calamus*)	T5

3.2.2 Preparação da formulação para pulverização

Os extractos frescos foram preparados utilizando o rizoma de *Acorus calamus,* folhas de *Artemesia vulgaris* e bolbos descalcificados de *Allium sativum.* As amostras frescas foram lavadas cuidadosamente. 100 g de amostra fresca foram triturados com igual volume de água destilada (ou seja, 1 ml de água destilada por g de amostra fresca) e o extrato assim preparado foi filtrado com um pano de musselina de camada dupla para obter a solução de reserva. O extrato foi considerado 100% e utilizado imediatamente após a diluição. A solução de reserva foi diluída na proporção de 1 ml de solução de reserva para 10 ml de água destilada e a solução final foi pulverizada no campo. Foram feitas soluções de reserva durante cada pulverização. Mancozeb 75% foi aplicado a 3g/ltr. de água.

3.3 Estudo do inóculo transmitido por sementes

As sementes foram tratadas com Mancozeb 75% (3 g por kg de sementes) e extractos botânicos. A concentração dos extractos botânicos era semelhante à concentração do extrato pulverizado no campo e as sementes foram embebidas na solução durante meia hora. As sementes nas placas de controlo foram plantadas sem aplicar nada. Após o tratamento das sementes, 500 sementes foram incubadas como no teste do mata-borrão e observadas ao microscópio binocular estéreo para detetar a presença do agente patogénico. Foram efectuadas três leituras a partir do terceiro dia em cada dia alternativo.

3.3.1 Teste do mata-borrão

3.3.1.1 Preparação da placa de Petri

As placas de Petri foram lavadas, secas com uma toalha de algodão e esterilizadas numa autoclave a 180°C durante duas horas. As placas de Petri foram rotuladas para identificar os tratamentos e as repetições. Duas camadas de papel absorvente colocadas dentro das placas de Petri foram humedecidas com água destilada.

3.3.1.2 Tamanho da amostra

Foram retiradas ao acaso 500 sementes de cada parcela para o ensaio.

3.3.1.3 Colocação de sementes

Vinte e cinco sementes foram colocadas por placa de Petri a uma distância equidistante, com 16 sementes no anel mais externo, 8 no anel do meio e 1 no centro. As sementes foram colocadas num esquema CRD com 5 tratamentos e 4 repetições.

3.3.1.4 Incubação de sementes

As sementes colocadas nas placas de Petri foram incubadas a 25±1°C durante sete dias sob um fotoperíodo de 12 horas de luz e escuridão.

3.3.1.5 Observações das sementes

As sementes incubadas foram observadas sob estereomicroscópio binocular e as sementes infectadas com *Alternaria spp.* indicadas pela presença de conídios foram registadas. A germinação das sementes foi contada ao terceiro dia. A percentagem de incidência da doença e a percentagem de germinação foram calculadas utilizando a seguinte fórmula:

$$\text{Incidência da doença (\%)} = \frac{\text{Número de sementes infectadas}}{\text{Número total de sementes observadas}} \times 100$$

$$\text{Percentagem de germinação (\%)} = \frac{\text{Número de sementes germinadas}}{\text{Número total de sementes observadas}} \times 100$$

3.3.1.6 Identificação de *Alternaria spp.*

As espécies de fungos foram identificadas com base nos caracteres morfológicos dos conídios. As várias espécies de *Alternaria* foram identificadas principalmente pelas diferenças nos caracteres conidiais, tais como comprimento, largura, tamanho do bico (comprimento e largura), número de septos transversais, longitudinais e oblíquos, cor, textura da superfície (lisa, verruga ou constrita) e forma dos conídios e das suas células basais e apicais, etc. Os conídios das sementes infectadas foram isolados e as lâminas foram preparadas em lactofenol e observadas ao microscópio composto para caraterização e identificação.

3.4 Experiência de campo

3.4.1 Disposição do campo

A disposição do campo foi feita num esquema de blocos completos aleatórios (RCBD) com quatro repetições. Havia um total de 20 parcelas, cada uma medindo 3,5*2,8 m^2. Havia uma distância de 1 m entre duas réplicas e 50 cm entre as parcelas de cada réplica. O tamanho total do campo era de 276,9 m2. Os tratamentos foram distribuídos aleatoriamente em cada bloco.

3.4.2 Preparação do terreno, aplicação de fertilizantes, transplantação e interculturalidade operações

O campo foi cuidadosamente lavrado duas vezes com grade de discos, as ervas daninhas foram removidas e niveladas. O FYM foi aplicado a 10 kg por parcela e incorporado bem cavando com pás. N:P:K foi aplicado @380:180:100 kg NPK/ha (Agriculture Dairy, 2014/15) respetivamente, através de Ureia, Fosfato de Diamónio (DAP) e Murato de Potássio (MOP). Foi aplicada meia dose de azoto, dose completa de fósforo e potássio

como dose basal e a restante meia dose de azoto foi aplicada como dose dividida. Um mês
mudas velhas foram transplantadas no espaçamento de 70 cm X 70 cm em 4 de dezembro de 2014.
Foram plantadas 20 plantas por parcela e um total de 400 plantas em toda a experiência.
Micronutrientes @2ml/ltr de água da torneira foram pulverizados duas vezes. Capina, sachadura, amontoa e
A irrigação foi efectuada de acordo com as necessidades para manter a cultura saudável.

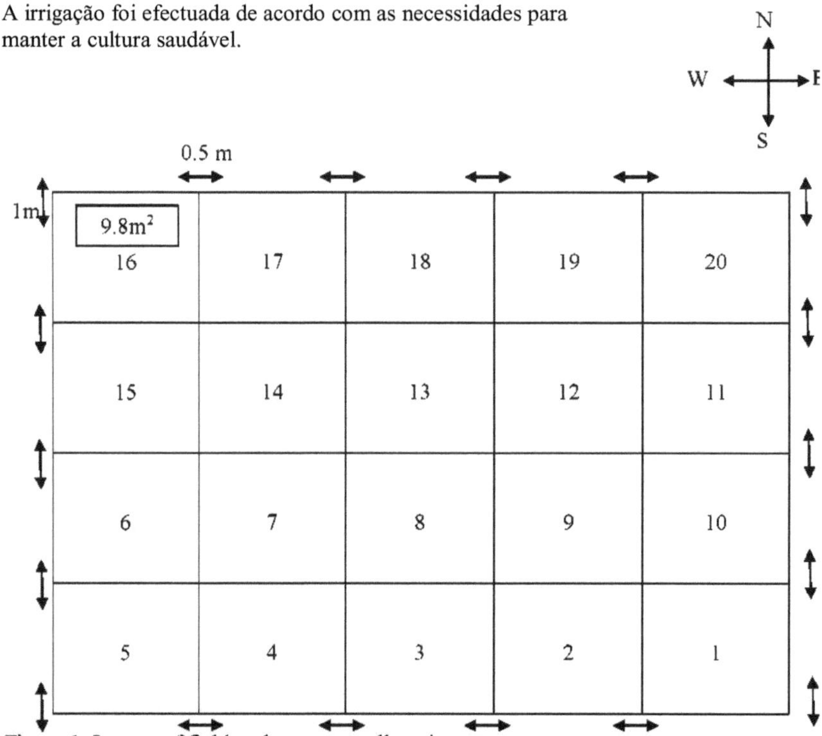

Figure 1. Layout of field and treatment allocation

3.4.3 Controlo dos insectos-praga

Para controlar os afídeos e a lagarta peluda, a cipermetrina foi pulverizada conforme necessário.

3.4.4 Inóculos de doenças no campo

A experiência foi efectuada em condições epidemiológicas naturais. A cultura foi efectuada de modo a coincidir com o período de incidência máxima da mancha foliar de Alternaria. As plantas não foram inoculadas artificialmente.

3.4.3 Aplicação de tratamentos no terreno

No campo, os tratamentos foram iniciados após a observação de manchas típicas de *Alternaria* ([isto] é, 5 de fevereiro de 2015) nas folhas inferiores. Os tratamentos foram aplicados em intervalos de 10 dias por 6 vezes. Os tratamentos foram extractos diluídos de *Acorus calamus, Artemesia vulgaris, Alllium sativum,* Mancozeb 75% e controlo. O Mancozeb 75% foi utilizado a 3g/ltr de água. Os tratamentos foram aplicados com um pulverizador de bomba manual.

3.5 Observação da doença no terreno

3.5.1 Incidência e gravidade da doença

Foram feitas observações de doenças em cinco plantas selecionadas aleatoriamente de cada parcela. Foram efectuadas observações separadas para as folhas e inflorescências, talos e síliquas. A intensidade da doença foi classificada numa escala de 0-5, que é a seguinte

Para as folhas

0: Sem sintomas

1: 1-10% da área foliar coberta de manchas.

2: 11-20% da área foliar coberta de manchas.

3: 21-30 % da superfície foliar coberta de manchas.

4: 31 a 40 % da superfície foliar coberta de manchas.

5: > 40 % da superfície foliar coberta de manchas.

Para inflorescências, caules e síliquas

0: Sem manchas no caule e nas vagens

1: 1-10% da área do caule e da vagem coberta de manchas.

2: 11-20% da superfície do caule e da vagem coberta de manchas.

3: 21-40% da superfície do caule e da vagem coberta de manchas.

4: 41 a 60% da superfície do caule e das vagens coberta de manchas.

5: > 60% da superfície do caule e da vagem coberta de manchas.

A pontuação foi efectuada em intervalos de 10 dias e foi realizada antes da aplicação do tratamento de cada vez.

A severidade das doenças das folhas, inflorescências, caules e síliquas em cada ponto foi calculada utilizando a seguinte fórmula (Sharma e Kolte, 1994):

$$\frac{\text{soma de todas as classificações numéricas} * 100}{\text{número de plantas da amostra} * \text{classificação mais elevada (5)}}$$

3.5.2 Estimativa da área sob a curva de progresso da doença (AUDPC)

A área sob a curva de progresso da doença (AUDPC) foi calculada resumindo o progresso da gravidade da doença. O padrão da epidemia em termos de número de lesões, quantidade de tecidos doentes ou número de plantas doentes é dado por uma curva, chamada curva de progresso da doença, que mostra a epidemia ao longo do tempo, e a área coberta por esta curva é conhecida como AUDPC. A AUDPC foi calculada utilizando a seguinte fórmula dada por Das *et al.,* (1992).

$$\mathbf{AUDPC} = \sum_{i=1}^{n} (Y_{i+1} + Y_i) 0.5 (T_{i+1} - T_i)$$

Onde,

Y_i= gravidade da doença no $i^{ésimo}$ dado

T_i= data em que a doença foi registada

n = Número de datas em que a doença foi registada

3.5.3 Colheita, debulha e rendimento das sementes

Todas as plantas de cada tratamento foram colhidas para observar a produção de sementes e a incidência de doenças nas sementes. As síliquas secas foram colhidas aos 124 DAT com foices. As síliquas foram secas ao sol durante uma semana, espalhadas numa folha de plástico na eira, e foi feita a debulha manual. As sementes foram devidamente limpas e armazenadas em sacos de plástico. O rendimento das sementes e o peso do teste foram obtidos com um nível de humidade de 8%.

3.6 Análise estatística

Os dados agronómicos, de avaliação de doenças e de tratamento de sementes *in vitro* foram tabulados numa folha de dados Excel (Versão 7). Os dados foram processados para serem inseridos no R studio (Versão 3.0.3). A entrada de dados foi efectuada para desenvolver uma tabela de Análise de Variância (ANOVA) e os diferentes tratamentos foram comparados e a separação das médias foi efectuada pelo Duncans Multiple Range Test (DMRT). Os dados também foram analisados de forma descritiva.

Capítulo 4

RESULTADO

4.1 Morfologia do agente patogénico

Entre as diferentes espécies de Alternaria, duas espécies, ou seja, *Alternaria brassicae* e *A. brassicicola* foi observada em sementes e *A. brassicae* em folhas sob microscópio binocular. *A. brassicae* tinha septos transversais distintos com bico longo, enquanto *A. brassicicola* não tinha bico ou tinha um bico pouco desenvolvido, juntamente com poucos septos transversais.

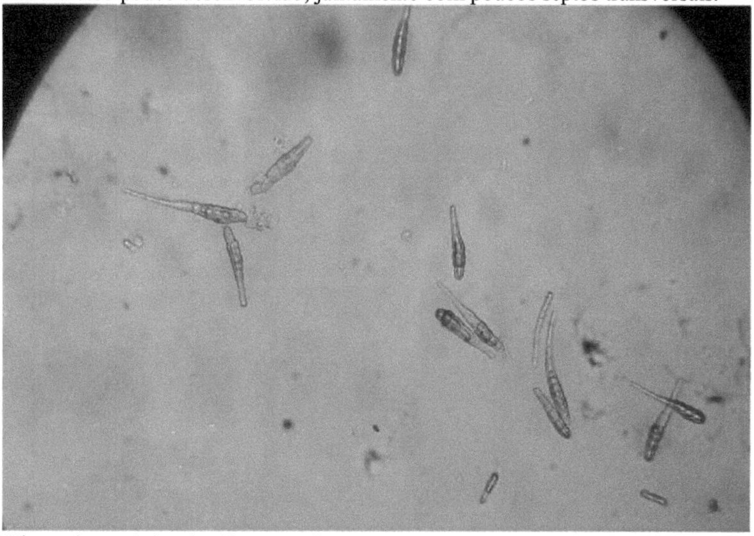

Figura 2. Vista microscópica de *Alterneria brassicae*

4.2 Sintomas

Os sintomas típicos da mancha foliar da alternaria foram observados nas folhas, inflorescências e vagens.

Figura 3. Sintomas da mancha foliar de Alternaria na folha de brócolos

Figura 4. Sintomas da mancha foliar de Alternaria em vagens de brócolos

4.3 Gravidade da doença na folha

A análise de variância (ANOVA) não mostrou diferença significativa entre os tratamentos com a severidade da doença aos 61 DAT, mas diferenças significativas aos 71 DAT e 81 DAT. Aos 71 DAT, a menor severidade da doença foi obtida nas parcelas tratadas com Mancozeb 75% (26±1,515 %), que foi igual à de *Artimesia vulgaris* (27±3,0 %), *Acorus calamus* (28±6,733 %) e *Allium sativum* (24±2,828 %). A maior gravidade da doença foi obtida nas parcelas de controlo (39±1,914 %). Do mesmo modo, aos 81 DAT observou-se a menor severidade nas parcelas com Mancozeb 75% (35±3,415 %) e a maior severidade da doença foi obtida na parcela de controlo (60±2,828 %).

Tabela 2. Efeito de diferentes tratamentos na severidade foliar da mancha foliar de Alternaria de brócolos, 2014-2015

Tratamento	Gravidade da doença (%)		
	61 DAT	71 DAT	81 DAT
Allium sativum	33±3.785	24^{b}±2.828	55^{a}±1.914
Artimesia vulgaris	30±2.581	27^{b}±3.0	57^{a}±5.972
Mancozebe 75%	34±7.023	26^{b}±1.515	35^{b}±3.415
Controlo	31±6.191	39^{a}±1.914	60^{a}±2.828
Acorus calamus	29±1.91	28^{b}±6.733	49^{a}±5.259
Valor P	0.81365	0.0182*	0.00789**
LSD	Ns	8.513	12.704
CV (%)	21.22	19.186	16.105
Média geral	31.4	28.8	51.2

Os números na coluna com a mesma letra não são significativamente diferentes (@p= 0,05) de acordo com o DMRT, LSD= Diferença mínima de significância, *= significativo (a p=0,05), **= altamente significativo (a p=0,01), ns= não significativo

4.4 Área sob a curva de progresso da doença (AUDPC) nas folhas

A análise de variância (ANOVA) não mostrou diferenças significativas entre os tratamentos no AUDPC 1, mas mostrou diferenças significativas no AUDPC 2. No AUDPC 2, o valor mais baixo de AUDPC foi obtido nas parcelas tratadas com Mancozeb 75% (305±15,0), que foi igual ao das parcelas tratadas com *Acorus calamus* (385±56,7) e *Allium sativum* (395±22,17). O valor mais elevado de AUDPC foi obtido na parcela de controlo (495±17,07). O AUDPC total e o AUDPC médio mostraram uma diferença significativa entre os tratamentos . O valor mais baixo de AUDPC total e de AUDPC médio foi obtido nas parcelas tratadas com Mancozeb 75% (605±35 e 302,5±17,5), que foi igual ao das parcelas tratadas com *Acorus calamus* (670±94,69 e 335±47,34), *Artimesia vulgaris* (705±66,52 e 352,5±33,26) e *Allium sativum* (680±29,43 e 340±14,719), respetivamente. O AUDPC total mais elevado (845±54,39) e o AUDPC médio (422,5±27,19) foram obtidos no controlo.

Tabela 3. Efeito de diferentes tratamentos na área sob a curva de progresso da doença (AUDPC) da mancha foliar de Alternaria em brócolos, 2014-2015

	Folha de AUDPC			
Tratamento	AUDPC1	AUDPC2	AUDPC Total	Média AUDPC
Allium sativum	285±17.078	395^{bc}±22,17	680^{b}±29.43	340^{b}±14.719
Artimesia vulgaris	285±27.537	420^{ab}±40,82	705^{b}±66.52	352.5^{b}±33.26
Mancozebe 75%	300±34.641	305^{c}±15.0	605^{b}±35	302.5^{b}±17.5
Controlo	350±38.729	495^{a}±17.07	845^{a}±54.39	422.5^{a}±27.19
Acorus calamus	285±39.475	385^{bc}±56,7	670^{b}±94.69	335^{b}±47.34
Valor P	1.107	0.0116*	0.01688*	0.0168*
LSD	ns	92.524	126.51	63.257
CV (%)	12.05	15.01	11.71	11.71
Média geral	301	400	701	350.5

Os valores na coluna com a mesma letra não são significativamente diferentes (@p= 0,05) de acordo com o DMRT, LSD= Diferença mínima de significância, *= significativo (a p=0,05), **= altamente significativo (a p=0,01), ns= não significativo

4.5 Gravidade da doença na vagem

A análise de variância (ANOVA) não mostrou diferença significativa entre os tratamentos na severidade da doença aos 91 DAT, mas diferenças significativas aos 101 DAT e 111 DAT. Aos 91

DAT, a menor gravidade da doença foi observada nas parcelas tratadas com Mancozeb (31±2,51 %), que foi igual à das parcelas tratadas com *Acorus calamus* (45±9,0 %) e *Allium sativum* (45±8,54 %). A maior gravidade da doença foi obtida na parcela de controlo (61±3,0 %). Da mesma forma, aos 111 DAT, a menor gravidade da doença foi observada na parcela tratada com Mancozeb 75% (36±3,65 %) e a maior gravidade da doença foi obtida na parcela de controlo (70±4,16 %).

Tabela 4. Efeito de diferentes tratamentos na severidade da doença da vagem do brócolo, 2014-2015

Tratamento	Gravidade da doença (%)		
	91 DAT	101 DAT	111 DAT
Allium sativum	33±4.72	45^{ab}±8,54	52^{b}±6.324
Artimesia vulgaris	39±1.91	52^{a}±2.82	59^{ab}±1,0
Mancozebe 75%	30±3.46	31^{b}±2.51	36^{c}±3.65
Controlo	45±5.0	61^{a}±3.0	70^{a}±4.16
Acorus calamus	37±7.89	45^{ab}±9,0	50^{b}±4.76
Valor P	0.278	0.0176*	0.000837***
LSD	Ns	15.832	12.144
CV (%)	26.026	21.95	14.76
Média geral	36.8	46.8	53.4

Os valores na coluna com a mesma letra não são significativamente diferentes (@p= 0,05) de acordo com o DMRT, LSD= Diferença mínima de significância, *= significativo (a p=0,05), **= altamente significativo (a p=0,01), ns= não significativo

4.6 Área sob a curva de progresso da doença (AUDPC) na vagem

A análise de variância (ANOVA) não mostrou diferenças significativas entre os tratamentos no AUDPC1, mas mostrou diferenças significativas no AUDPC2. No AUDPC2, o valor mais baixo de AUDPC foi obtido no tratamento com Mancozeb 75% (335±26,29). O valor mais elevado de AUDPC foi obtido na parcela de controlo (655±35,0). O AUDPC total e o AUDPC médio apresentaram diferenças significativas entre os tratamentos. O valor mais baixo de AUDPC total (640±53,54) e de AUDPC médio (320,0±26,77) foi obtido no tratamento com Mancozeb 75% , que foi igual ao das parcelas tratadas com *Acorus calamus* (885±150,85 e 442,5±75,42) e *Allium sativum* (875±135,24 e 437,5±67,62), respetivamente. O AUDPC total mais elevado (1185±65,5) e o AUDPC médio (592,5±32,75) foram obtidos no controlo. Tabela 5. Efeito de diferentes tratamentos no AUDPC da vagem 2014-2015

Tratamento	AUDPC			
	AUDPC1	AUDPC2	Total AUDPC	Média AUDPC
Allium sativum	390±64.03	485^{b}±72.7	875^{bc}±135.24	437,5^{bc}±67,62
Artimesia vulgaris	455±22.17	555^{ab}±19,42	1010^{ab}±40,41	505.0^{ab}±20.20
Mancozebe 75%	305±29.86	335^{c}±26.29	640^{c}±53.54	320.0^{c}±26.77
Controlo	530±34.15	655^{a}±35.0	1185^{a}±65.5	592.5^{a}±32.75
Acorus calamus	410±82.66	475^{b}±68.49	885^{bc}±150,85	442,5^{bc}±75,42
Valor P	0.0538	0.00289**	0.0112*	0.0112*
LSD	Ns	132.17	269.25	134.62
CV (%)	22.24	17.12	19.01	19.01
Média geral	418	501.00	919	459.5

Os números na coluna com a mesma letra não são significativamente diferentes (@p= 0,05) de acordo com o DMRT, LSD= Diferença mínima de significância, *= significativo (a p=0,05), **= altamente significativo (a p=0,01), ns= não significativo

4.7 Efeito de diferentes tratamentos no rendimento de sementes de brócolos

A análise de variância (ANOVA) não mostrou diferenças significativas entre os tratamentos no peso de teste e no rendimento total. O peso de teste mais alto (3,3±0,38 g) e o rendimento total (125,65±43,58kg/ha) foram obtidos no tratamento com Mancozeb 75%. O peso de teste mais baixo (2,31±0,04 g) e o rendimento total (49,36±14,04kg/ha) foram obtidos no tratamento de controlo.

Tabela 6. Efeito dos diferentes tratamentos na produção de sementes de brócolos

Tratamento	Rendimento	
	Peso de ensaio (g)	Rendimento total (kg/ha)
Allium sativum	2.94±0.21	79.67±31.85(1.17)"
Artimesia vulgaris	2.47±0.22	86.13±22.09(1.88)
Mancozebe 75%	3.3±0.38	125.65±43.58(2.03)
Controlo	2.31±0.04	49.36±14.04(1.64)
Acorus calamus	2.50±0.20	65.67±19.52(1.76)
Valor P	0.064	0.424
LSD	Ns	Ns
CV (%)	17.49	15.66
Média geral	2.7	1.82

Os valores na coluna com a mesma letra não são significativamente diferentes (@p= 0,05) de acordo com o DMRT, LSD= Diferença mínima de significância, *= significativo (a p=0,05), **= altamente significativo (a p=0,01), ns= não significativo. "Os valores entre parêntesis são valores transformados logaritmicamente.

4.8 Percentagem de incidência de doenças nas sementes colhidas

A análise de variância (ANOVA) não mostrou diferença significativa entre os tratamentos com incidência de doenças nas sementes. A menor percentagem de incidência de doenças foi observada nas sementes obtidas nas parcelas tratadas com Mancozeb 75% e a maior percentagem de incidência de doenças foi observada nas sementes obtidas nas parcelas de controlo.

Tabela 7. Percentagem de incidência de doenças nas sementes colhidas

Tratamento	Incidência da doença %
Allium sativum	38±3.46
Artemesia vulgaris	43±5.74
Mancozebe 75%	32±6.92
Controlo	55±1.91
Acorus calamus	36±6.73
Valor de p	0.066
LSD	Ns
CV (%)	26.12
Média geral	40.8

Os valores na coluna com a mesma letra não são significativamente diferentes ((@p= 0,05) de acordo com o DMRT, LSD= Diferença mínima de significância, *= significativo (a p=0,05), **= altamente significativo (a p=0,01), ns= não significativo.

4.9 Percentagem de incidência de doenças nas sementes tratadas (utilizadas na sementeira)

Aos 3 dias após a incubação (DAI), a percentagem mais baixa de incidência da doença foi observada no tratamento com Mancozeb 75% e *Allium sativum* (0,0) e a percentagem mais elevada de incidência da doença foi observada no controlo (6,0). Do mesmo modo, aos 5 DAI, a percentagem mais baixa de incidência de doença foi observada no tratamento com Mancozeb 75% (1,0) e a percentagem mais elevada de doença foi observada no controlo (16,0). Além disso, na observação final (7 DAI), a menor percentagem de incidência de doença foi observada nas sementes tratadas com Mancozeb 75% (1,0) e a maior percentagem de incidência de doença foi observada no controlo (47,0).

Tabela 8. Percentagem de incidência de doenças nas sementes tratadas (utilizadas na sementeira)

Tratamento	Incidência %		
	3DAI	5DAI	7DAI
Allium sativum	0	2	7
Artemesia vulgaris	2	4	9
Mancozebe 75%	0	1	1
Controlo	6	16	47
Acorus calamus	0	2	4

4.10 Correlação entre o AUDPC total da folha e o rendimento (Kg/ha)

O AUDPC total da folha e o rendimento estão negativamente correlacionados. O AUDPC total (Folha) contribui com 3,55% na redução do rendimento (Kg/ha).

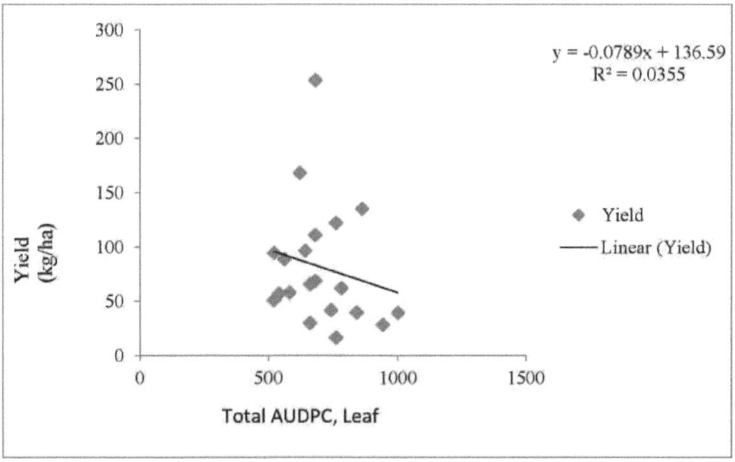

4.11 Correlação entre AUDPC total de vagem e rendimento (Kg/ha)

O AUDPC total (vagem) e o rendimento estão negativamente correlacionados. O AUDPC total (Vagem) contribui com 6,63% na redução do rendimento (kg/ha).

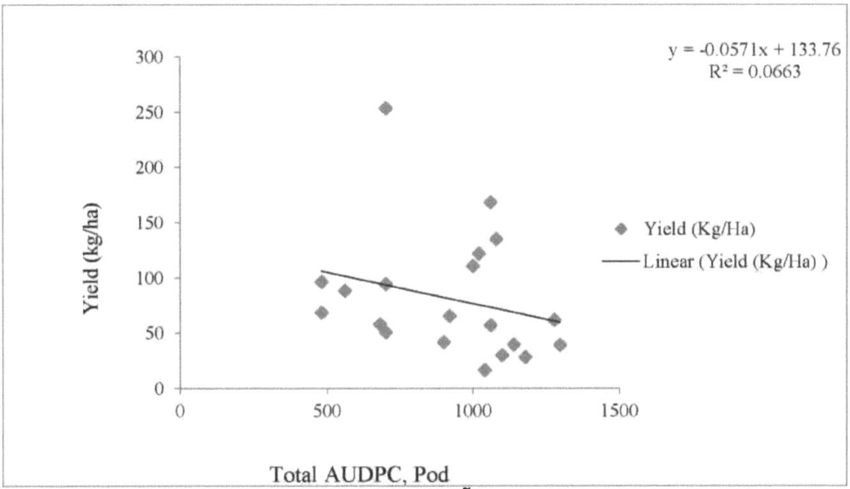

DISCUSSÃO

A mancha foliar de Alternaria tem sido considerada uma das doenças devastadoras das crucíferas nas regiões do Terai e do Terai Interior do Nepal. Nas crucíferas, foram registadas perdas de rendimento médias de 32-57% devido à mancha foliar de Alternaria (Shrestha *et al.,* 2005). Entre as diferentes espécies de *Alternaria,* observámos *Alternaria brassicae* e *Alternaria brassicicola* nas sementes e *Alternaria brassicae* nas folhas. *A. brassicae* tinha conídios com septos relativamente transversais e com bicos grossos e compridos, ao passo que *A. brassicicola* foi observada com conídios ligeiramente cilíndricos a oblongos, sem bicos ou com bicos pouco desenvolvidos. Inicialmente, os sintomas foram observados sob a forma de pequenas manchas pretas a castanhas nas folhas inferiores, que mais tarde progrediram para as folhas mais jovens. As manchas expandiram-se para formar as lesões concêntricas, de cor castanha escura ou preta, com 1 cm ou mais de diâmetro. Na fase posterior, essas lesões coalesceram para formar manchas maiores. Os conídios foram observados a olho nu nas manchas maiores.

Mancozeb 75%, *Acorus calamus, Allium sativum* e *Artimesia vulgaris* apresentaram resultados semelhantes para a Área sob a Curva de Progresso da Doença (AUDPC) nas folhas, que é significativamente diferente das parcelas de controlo. Do mesmo modo, a AUDPC para a vagem também foi comparável estatisticamente no caso do Mancozeb 75%, *Acorus calamus* e *Allium sativum.* No entanto, as parcelas de *Artemesia vulgaris* e de controlo apresentaram um AUDPC total e um AUDPC médio significativamente mais elevados. O tratamento das sementes com Mancozeb 75%, *Allium sativum, Artemesia vulgaris* e *Acorus calamus* reduziu consideravelmente a incidência da doença nas sementes em comparação com o controlo.

Os resultados do nosso estudo são semelhantes aos de Singh *et al.*, 2013, Meena *et al.*, 2004, Mahapatra e Das, 2013, Mungkornasawakul *et al.*, 2002, Devi e Ganjewala, 2009, Singh e Singh (2002), Khan *et al.*, (2007), Verma e Verma (2010), Meena *et al.*, (2011), Gondall *et al.*, (2012). A redução da gravidade da praga foliar de Alternaria foi causada por Mancozeb com eficácia semelhante do extrato de bolbo de alho *(Allium sativum)* sozinho ou em combinação com urina de vaca (Singh *et al.*, 2013). Do mesmo modo, verificou-se que o extrato aquoso de bolbo de alho era eficaz contra a praga de Alternaria da mostarda indiana (Meena *et al.*, 2004). Além disso, a aplicação de 1% (p/v) de extrato aquoso de bolbo de *Allium sativum* aos 45 e 75 dias após a sementeira (DAS) resultou na menor gravidade da praga nas folhas e vagens (Meena *et al.*, 2008). O míldio foliar de Alterneria foi adequadamente gerido através da utilização de extrato aquoso de bolbos de alho em comparação com parcelas de controlo não tratadas (Mahapatra e Das, 2013).

Mungkornasawakul *et al.* (2002) observaram uma inibição completa de *Alternaria* spp. em relação ao extrato de *Acorus calamus*. Devi e Ganjewala (2009) avaliaram a atividade antimicrobiana dos extractos do rizoma e das folhas de *Acorus calamus* obtidos com diferentes solventes. O estudo sugeriu claramente que os rizomas e as folhas de *A. calamus* devem possuir o princípio ativo a e P-asaronas, que se acredita ser responsável pelas suas actividades antimicrobianas.

Singh e Singh (2002), Khan *et al.*, (2007), Verma e Verma (2010), Meena *et al.*, (2011), Gondall *et al.*, (2012) referiram que o Dithane M-45 foi considerado superior a outros fungicidas para controlar a gravidade da doença de *Alternaria* spp em diferentes crucíferas

RESUMO E CONCLUSÃO

Foi realizada uma experiência para descobrir a eficácia do extrato biológico e botânico contra a mancha foliar de Alternaria para a produção de sementes de brócolos em Rampur, Chitwan, durante dezembro de 2014 a abril de 2015. Os tratamentos foram *Allium sativum* (10% v/v), *Artemesia vulgaris* (10%v/v), *Acorus calamus* (10% v/v), Mancozeb (3gl^{-1}) e o controlo foi avaliado *in vitro* por tratamento de sementes e por pulverização foliar no campo.

O efeito dos tratamentos de sementes sobre o inóculo transmitido pelas sementes foi observado aos 3, 5 e 7 dias após a incubação em e a percentagem de germinação das sementes foi observada 3 dias após a incubação. A percentagem mais baixa de incidência do agente patogénico foi observada em sementes tratadas com Mancozeb 75% e a percentagem mais alta de incidência foi observada com o controlo aos 7 dias após a incubação durante o teste de tratamento de sementes.

O campo foi disposto em RCBD com quatro repetições. Os tratamentos foram pulverizados 61, 71, 81, 91, 101 e 111 dias após o transplante (DAT). Foi observado o efeito da pulverização foliar na severidade da doença, AUDPC, rendimento e inóculo transmitido pela semente. Os dados foram tabulados e analisados em Excel e R -studio e as médias foram comparadas por DMRT.

O AUDPC médio da folha foi significativamente reduzido por Mancozeb 75% (302,5), seguido por *Acorus calamus* (335), *Allium sativum* (340) e *Artimesia vulgaris* (352,5). O AUDPC médio foi mais elevado no controlo (422,5). A severidade da doença na folha foi mínima aos 81 DAT e depois disso aumentou.

O AUDPC médio da vagem foi significativamente reduzido por Mancozeb 75% (320), seguido por *Allium sativum* (437,5) e *Acorus calamus* (442,5). O AUDPC médio foi mais elevado no controlo (592,5) e em *Artimesia vulgaris* (505,0). A severidade da doença em todas as parcelas foi mínima em 91 DAT e máxima em 111 DAT. A severidade da doença aumentou com a idade da planta e com os estádios de crescimento.

O rendimento de sementes kg/ha e o peso de 1000 sementes (peso de teste) foram os mais altos de Mancozeb 75% (125,65kg/ha e 3,3 g) respetivamente. Tanto a produção de sementes como o peso de teste foram mais baixos nas parcelas de controlo. O AUDPC total (vagem e folha) foi negativamente correlacionado com o rendimento. A redução da infeção transmitida pelas sementes pelo efeito da pulverização foliar não foi significativa. A percentagem mínima de incidência de agentes patogénicos nas sementes colhidas foi observada em Mancozeb 75% (32) e a máxima no controlo (55).

É evidente a partir dos relatórios que os extractos de plantas são agentes antimicrobianos eficazes para fungos transmitidos pelo solo, fungos de deterioração alimentar e agentes patogénicos foliares e não produzem quaisquer efeitos residuais. Os produtos botânicos são amigos do ambiente, rentáveis, não perigosos e facilmente disponíveis. Os resultados do presente estudo podem ser mais explorados para formular um programa de gestão integrada de doenças da mancha foliar de Alternaria dos brócolos. São necessárias mais experiências para investigar a este respeito para o isolamento e caraterização de moléculas antifúngicas e recomendação de aplicação no terreno.

Em conclusão, o método mais importante de proteção das plantas contra o ataque de fungos é a utilização de fungicidas. No entanto, muitos agentes fungicidas existentes no mercado são tóxicos e têm efeitos indesejáveis noutros organismos do ambiente. A maioria dos fungicidas sistémicos não é biodegradável e acumula-se no solo, na água e nos organismos inferiores, o que tem um efeito negativo na saúde humana através da cadeia alimentar. O desenvolvimento de resistência dos fungos patogénicos aos fungicidas sistémicos constitui uma grande preocupação. Por conseguinte, as actividades de investigação devem ser motivadas para encontrar fungicidas eficazes e respeitadores do ambiente. O resultado do presente trabalho mostrou claramente que *o Acorus calamus* e *o Allium sativum* têm potencial para controlar o fungo da mancha foliar *(Alternaria* spp) com uma eficácia semelhante à do Mancozeb 75%. No entanto, a eficácia do *Acorus calamus* e do *Allium sativum* deve ser mais investigada em condições de campo e os constituintes activos devem ser determinados e quantificados. Assim, os resultados revelaram que o tratamento de sementes e a pulverização foliar com extractos de *Acorus calamus* e *Allium sativum* podem ser a alternativa viável para a gestão da mancha foliar de Alternaria na produção de sementes de brócolos e de outros vegetais crucíferos.

REFERÊNCIAS

Adachi, Y. e T. Tsuge. 1994. Co-infeção por diferentes isolados de *Alternarai alternate* em lesões únicas de pontos negros em folhas de pereira japonesa. Phytopathology 84: 447451.

Centro de Informação e Comunicação Agrícola. 2014. Agriculture Dairy 20142015 (em nepalês). Centro de Informação e Comunicação Agrícola. Lalitpur. pp .111.

Agrios, G.N. 2005.Plant Pathology. (5^{th}ed.). Elsevier Academic Press, Florida, EUA. pp. 300-302.

Alexopopulus, C.J., C.W. Mims e M. Blackwell.1996.Introductory Mycology. 4^{th}ed. John Wiley and Sons, inc. New York. pp. 436.

Ansari, N. A., M.W. Khan e A. Muheet. 1989c. Survival and perpetuation of *Alternariabrassicae* causing Alternaria blight of oilseed crucifers. Mycopathologia. 105: 67-70.

Ansari, N.A., M.W. Khan e A. Muheet. 1989a. Effect of some factors on growth and sporulation of *Alternariabrassicae* causing alternaria blight of rapeseed and mustard. ActaBotanicalndica 17: 49-53 (abstr.).

Atkinson, R.G. 1953. Sobrevivência e patogenicidade de *Alternariaraphanii* após cinco anos em culturas de solo seco. Canadian Journal of Botany. 31: 542.

Aveling, T. A. S., H. G. Snyman e F. H. J. Rukenberg. 1994. Morfologia da infeção de folhas de cebola por *Alternariaporri*. Canadian Journal of Botany 72: 1164-1170.

Babu, S., K. Seetharaman, R. Nandakumar e I Johanson. 2000. Eficácia dos antagonistas fúngicos contra o míldio foliar do tomate provocado por Alternaria solani (Ell. e Mart.) Jones e Grout. J. Biol. Cont. 14(2): 79-81.

Bhargava, P. K. e M. N. Khare. 1988. Epidemiology of Alternaria blight of Chickpea. Indian Phytopathology 41: 195-198.

Gabinete Central de Estatística. 2009-10. Inquérito sobre as culturas hortícolas do Nepal: Um relatório estatístico. Gabinete Central de Estatística, Nepal.

Chahal, A. S. e M. S. Kang. 1979. Some aspects of seed borne-infection *Alternariabrassicae* in rapeseed and mustard cultivars in Punjab. Indian Journal of Mycology and Plant Pathology 9: 51-55.

Chand, G., U. Narain e S. Kumar. 2013. Estudos sobre a mancha foliar de Alterneria dos brócolos. Lambert Academic Publishing.UK.

Chaudhary, R.N. 1999. Avaliação de fungicidas na gestão da doença de Alternaria blight da mostarda de colza. Nepal Agric Research j. 3: 72-77.

Chauhan, V.B. e U.P. Singh. Efeito dos voláteis de alguns extractos de plantas na germinação de zoósporos de *Phytophthoradrechsleria.* f. sp. *cajani.*Indian J. of Phytopathol. 44: 197-200.

Choulwar, A.B., V.V. Datar. e B.D. Kurundkar. 1989. Eficácia de tóxicos para fungos no crescimento micelial de *A. solani.* Pestology.13:17-19.

Chupp, C. e A.F. Sherf. 1960. Vegetable diseases and their control. The Ronald Press Company. Nova Iorque. pp. 693.

Dang, J.K., C.D. Kaushik e M.S. Sangwan. 1995. Relação quantitativa entre a folha de Alternaria blight da mostarda de colza e variáveis meteorológicas. Indian J. Mycol. And Plant. Pathol. 25: 184-188.

Datar, V.V. 1996. Eficácia de reguladores de crescimento e fungos tóxicos na podridão dos frutos da malagueta. Indian J. Mycol. Plant Pathol. 26:239-242.

Degenhardt, K. J., G. A. Petrie e R. A. A. Morrall. 1982. Effects of temperature on spore germination and infection of rapeseed by *Alternariabrassicae*, *Alternariabrassicicola* and *Alternaria raphanin.* Canadian Journal of Plant Pathology 4: 115-118.

Devi, A. e D. Ganjewala. 2009. Atividade antimicrobiana do rizoma e extractos de folhas de *Acorus calamus* (L.). Ata Biologica Szegediensis. Volume 53(1):45-49.

Drost, D. e M. Johnson. 2010. Brócolos na horta. América. Universidade do Estado de Utah

Dubey, R.C. e R.S. Dwivedi. 1991. Propriedades fungitóxicas de alguns extractos de plantas contra o crescimento vegetal e a viabilidade esclerocial de *Macrophominaphaseolina.* Indian Phytopathol. 44: 411-413.

Duhan, J.C. e K.S. Suhag. 1990. *Alternaria* leaf and pod blight of cauliflower. Indian Phytopathology. 43:231-234

Duhan, J.C. e L.S. Suhag.1989. Estudos sobre a praga *de Alternaria* nas folhas e nas vagens da couve-flor. I Patogenicidade e distribuição em Haryana. Indian Phytopath. 42: 87-94

Epidemiologia e transmissão de sementes. Tese de doutoramento, Universidade Real de Veterinária e Agricultura, Copenhaga, Dinamarca. 128 p.

Everts, K.L. e M.L. Lacy. 1987. Germinação de conídios, formação de apressórios e infeção de *Alternariaporri* em folhas de cebola. Phytopathology 77: 1761.

Fazal, M.A., M.I. Khan e S.K.Saxena. 1994. A incidência de *Alternariaspecies* em diferentes cultivares de sementes de repolho e couve-flor. Indian Phytopathol. 47: 419-421.

Ghimire, A.J., M.R. Bhattari e R. Khanal. 1993. Efeito da remoção das cabeças terminais ou auxiliares no rendimento e na qualidade das sementes da cultivar de brócolos Green Sprouting. PAC Working Paper: 77, 1-11.

Gondall, A.S.,M. Izaz, K. Riazl e A.R. Khan.2012. Efeito de diferentes doses de fungicida (Mancozeb) contra Alternaria Leaf Blight. J Plant Pathol Microb. 3:3.

Humpherson-Jones, F.M. e R.B. Maude. 1982. Studies on the epidemiology of *Alternariabrassicicola* in *Brassica oleracea* seed production crops (Estudos sobre a epidemiologia de *Alternariabrassicicola* em culturas de produção de sementes *de Brassica oleracea*). AnnalsAppl. Biol. 100: 61-71.

Hussaini, S.H. e H. Singh. 1989. Eficácia de diferentes fungicidas contra a praga de *Alternaria* na cultura de sementes de rabanete. Plant Disease Res. 4:105-107.

Jharia, H.K., M.N. Khare.e A. Chand. 1977. Eficácia dos fungicidas no controlo das doenças fúngicas da malagueta. Indian Phytopathology.39:341-343.

Khan, M.M., R.U. Khan e F.A. Mohidin.2007. Estudos sobre a gestão económica da praga de Alternaria da colza e da mostarda (*Brassica* spp.). J.Phytopathol. Mediterr. 46. pp201-206.

Khatun, F., M.S. Alam, M.A. Hossain, P.K. Malaker e M.H. Rashi. 2011. Efeito da data de sementeira e das variedades na severidade da praga foliar da *Alternaria* na mostarda. Bangladesh. J. Agril. Res. 36(4). pp. 583-594.

Kirk, P.M., P.F. Cannon, D.W. Minter, J.A. Stalpers. 2008. Dictionary of the Fungi. 10ª ed., Wallingford. Wallingford: CABI. pp. 22.

Kohl, J., C.A.M. Van Tongeren, B.H. Groenenboom-de Haas, R.A. Van Hoof, R. Driessen. E L.Van der Heijden. 2010. Epidemiologia da mancha foliar escura causada por *Alternariabrassicicola* e *A. brassicae* na produção biológica de sementes de couve-flor. Plant Pathol. 59: 358-367.

Kucharel, T. 2000. Alternaria Disease of Crucifers Plant Pathology Fact Sheet. Universidade da Flórida. Gainesville 32611.1985. pp. 34.

Maude, R.B e F.M. Humpherson-Jones. 1980a. Studies on the seed-borne phases of dark leaf spot *(Alternariabrassicicola)and* grey leaf spot *(Alternariabrassicae)* of *Brassicas.* Annals of Applied Biology 95: 311-319.

Maude, R.B e F.M. Humpherson-Jones. 1980b.The effect of Iprodione on the seed- borne phase of *Alternaria brassicicola.* . Annals of Applied Biology 95: 321327.

Maude, R.B., J. M. Bambridge, A. Spencer, D. L. Sutte, R.L.K. Drew, F.M. Humpherson-Jones, M. J. O'Brien, I. R. Crute e P. L. Gordon. 1985. Fungus disease of brassicas- biology, resistance and control. 36th Annual Report for 1985. National Vegetable Research Station, Wellsbourne, Warwick, Reino Unido. pp.5660.

Meena, P.D., C. Chattopadhaya e R.L. Meena. 2008. Gestão ecológica da praga *de Alternaria* em *Brassica juncea.* Indian Phytopath. 61 (1): 65-69.

Meena, P.D., C. Chattopadhyay, A., Kumar, R.P. Awasthi, R. Singh, S. Kaur, L. Thomas, P. Goyal e P. Chand. 2011. Estudo comparativo sobre o efeito de produtos químicos na praga de Alternaria na mostarda indiana - Um estudo multi-local na Índia. J. Environ. Biol. 32:375-379.

Meena, P.D., R.L. Meena, C. Chattopadhyay e A. Kumar. Identification of critical stage of disease development and biocontrol of Alternaria.

Mercer, P.C. e A. Ruddock. 2004. Praga da mostarda indiana *(Brassica juncea).* J. Phytopathol. 152:204-209.

Mims, C. W., M. A. Rogers e C. G. Van Dyke. 1997. Ultra-estrutura de conídios e germinação de conídios no fungo fitopatogénico *Alternaria cassia*. Canadian Journal of Botany 75: 252-260.

Mridha, A. U. e N. Safa. 1985. Prevalência e controlo de *Alternariabrassicae* transmitida por sementes na mostarda. Bangladesh Journal of Plant Pathology. 1: 912.

Mungkornasawakul, P., D. Supyen, C. Jatisatienr, A. Jatisatienr e S. Dheeranupattana. 2002. Efeito inibitório do extrato *de Acorus calamus* L. em alguns bolores fitopatogénicos. Proc. Int. Conf, on MAP Proc. Eds. J. Bernath *et al.* Ata Hort. 576, ISHS.

Pace, M.A. e R. Campbell. 1974. The effect of saprophytes on infection of leaves of *Brassica* spp. by *Alternaria brassicicola.* Trans.Brit. Mycol. Soc.63: 193-196.

Pandey, B.P. 1999. Patologia das plantas: Pathogen and Plant Disease. S. Chand and Company Ltd, Ram Nagar, Nova Deli. pp. 335-336.

Ramjegathesh, R., E.G. Ebenezar. e M. Muthusamy. 2011. Gestão do míldio da folha da cebola por *Alternaria alternata* (FR.) Keissler por botânicos e agentes de biocontrolo. Plant Pathology Journal. 10: 192-196.

Rangel, J. F. 1945. Duas doenças de *Alternaria* em plantas crucíferas. Fitopatologia 35:1002-1007.

Saharan, G.S. e A.K. Kadian. 1984. Epidemiology of Alternaria blight of Rapeseed and mustard, CruciferaeNewslett. 9:84-86. In: R.S. Singh, 1998. Plant Disease (7thed.) Oxford e IBH Publishing Co. Pvt. Ltd. Nova Deli, Calcutá. Índia. Pp. 414-418.

Sharma, A., A. Dass. e M.S. Pau. 2007. Efeito antifúngico do extrato de neem em alguns fungos fitopatogénicos comuns. Adv. Plant Sci. 20(2):357-358.

Sheikh, R..A. e J.P. Agnihotri. 1972. Propriedades antifúngicas de alguns extractos de plantas. Ind. J. Mycol. Plant Pathol. 2:143-146.

Shrestha, K. 1990. Importance vegetables disease in Nepal (em nepalês). Projectos de produção de legumes frescos e sementes da FAO, Divisão de Desenvolvimento de Legumes, Khumaltar, Lalitpur, Nepal. Pp. 15-22.

Shrestha, S. K. 1994. Doença do míldio da folha da colza e da mostarda causada por *Alternariabrassicae:* Epidemiologia e transmissão de sementes. Tese de doutoramento, Universidade Real de Veterinária e Agricultura, Copenhaga, Dinamarca. 128p

Shrestha, S.K. 1994. Doença do míldio da folha da colza e da mostarda causada por *Alternaria brassicae*:

Shrestha, S.K. e R.N. Chaudhary. 2001. Effect of fungicides in Alternaria blight of Rapeseed crop and measurement of correlation coefficient between infection of disease in the field and corresponding seed infection in laboratory test. Nepal Agric. Research Council, Plant Pathology. Divisão, Khumaltar, Lalitpur.

Shrestha, S.K., L. Munk e S.B. Mathur. 2005. Papel do clima na doença do míldio foliar Alternaria e seu efeito no rendimento e na componente de rendimento da mostarda. Nepal Agric. Res. J.6: 62-72.

Singh, P.C. e D. Singh. 2006. Avaliação *in vitro* de fungicidas contra *Alternaria alternata.* Ann. Plant Protec. Sci. 14(2):500-502.

Singh, R. S. 1998. Doenças das Plantas. 7th ed. Oxford e IBH Publishing Company. Pvt. Ltd. Índia. 686p.

Singh, R.P. 1996. Seed Marketing and Dealership Development. Projeto de produção de sementes de legumes e hortaliças frescas da HMG/FAO (GCP/NEP/050/SWI), Organização das Nações Unidas para a Alimentação e a Agricultura, Katmandu, Nepal. pp. 718.

Singh, R.S. 1998. Doenças das plantas. (7th Ed.). Oxford e IBH Publishing Co. Pvt. Ltd. New Delhi. pp. 414-416.

Singh. S., S.L. Godara e S. Gangopadhaya. 2013. Estudos sobre as propriedades antifúngicas de extractos de plantas na praga da mostarda causada por *Alternria brassicae.* Indian Phytopath. 66 (2): 172-176.

Sivapalan, A. e J. W. Browning. 1992. Incidência de *Alternariabrassicicola* (Schw.) Wiltshre em sementes *de Brassica oleracea.* Australian Journal of Experimental Agriculture. 32:5225-5227

Subramanian, C.V. 1971. Hypomycetes: Uma descrição das espécies indianas, exceto *Cercosporae.* Conselho Indiano de Investigação Agrícola. Nova Deli. pp. 800822.

Thapa, R.B. e D.R. Dongol. 1988. A preliminary survey of the bee flora at IAAS and its vicinity. In: F.P. Neupane (ed.). IAAS Research Report (1985-1995). Inst. de Agric. And Anim. Sci, Rampur, Chitwan, Nepal. pp. 59-65.

Tiwari, J. P. 1986. *SubcuticularAlternariabrassicae* in rapeseed. Canadian Journal of Botany 64: 1227-1231.

Tragoolpua, K. 1996. Efeito do extrato de oito espécies de plantas patogénicas selecionadas

Tripathi, N. N. e C. D. Kaushik. 1984. Estudos sobre a sobrevivência de *Alternariabrassicae*, o organismo causal da mancha foliar da colza e da mostarda. Madras Agricultural Journal 71: 237-241.

Tsuneda, A. e W. P. Skoropad. 1977a. Formação de microesclerócios e clamidósporos a partir de conídios de *Alternariabrassicae*. Canadian Journal of Botany. 55: 1276- 1281.

Departamento de Agricultura dos Estados Unidos. 2014. Base de dados nacional de nutrientes para Versão de referência standard 27, relatório de base: 11090.

Vananacci, G. e G.E. Harman. 1987. Bicontrolo de Alternaria raphani e Alternaria brassicicola transmitidas por sementes. Canadian J. Microbiol.33: 850-856.

Direção do Desenvolvimento dos Produtos Hortícolas. 2009. Annual progress report of the vegetable, potato, and spice development program of the fiscal year 2064/065 (in Nepali). Direção de Desenvolvimento dos Produtos Hortícolas, Khumaltar, Lalitpur, Nepal.80 p.

Verma, N. e S. Verma. 2010. Doenças de *Alternaria* em culturas hortícolas e novas abordagens para o seu controlo. Asian J. Exp. Biol. Sci.

Wadhwani, K. e S.K. Dudeja. 1982. The primary source of inoculum of leaf spot disease of *Brassica juncea* due to *Alternaria.* Indian Botanical Reporter 1: 162163 (abstr.)

Walker, J.C. 1952. Diseases of crucifers. In:Diseases of vegetable crops, McGraw Hill Book Co. Nova Iorque. EUA. pp. 150- 152.

Wilson, C.L., J. M. Solar, A. El Ghaouth e M.E. Wisniewski. 1997. Avaliação rápida de extractos de plantas e óleos essenciais para a atividade antifúngica contra *Botrytis cinerea.* Plant Dis. 81:2.

Zhao, Y., K. Tu., X.F. Shao., W. Jing., W. Yang e Z.P.Su. 2008. Controlo biológico dos agentes patogénicos pós-colheita *Alternaria solani, Rhizopus stolonifer* e *Botrytis cinerea* em frutos de tomate por *Pichia guilliermondii*. J. Hort. Sci. Biotech. 83(1): 132-136.

Zvola, V. e A. Respondek. 2010. Brócolos, Guia de Produção de Culturas Hortícolas para a Nova Escócia. Canadá. Agra Points.

APÊNDICES

Apêndice 1. Análise de variância da severidade da doença na folha aos 61 DAT sob a influência de diferentes tratamentos no Campus de Rampur, Rampur, durante 2014-2015

Fonte	df	SS	EM	Valor F	Prob
Tratamento	4	68.8	17.2	0.38	0.81365
Replicação	3	815.2	271.7	6.120	0.00909**
Erro	12	532.8	44.4		
Total	19	1416.8			

*= significativo (a p=0,05), **= altamente significativo (a p=0,01), ns= não significativo

Apêndice 2. Análise de variância da severidade da doença na folha aos 71 DAT como influenciada por diferentes tratamentos no Campus de Rampur, Rampur, durante 2014-2015

Fonte	df	SS	EM	Valor F	Prob
Tratamento	4	555.2	138.80	4.54	0.0182*
Replicação	3	441.6	147.20	4.821	0.0199
Erro	12	366.6	30.53		
Total	19	1363.4			

*= significativo (a p=0,05), **= altamente significativo (a p=0,01), ns= não significativo

Apêndice 3. Análise de variância da severidade da doença na folha aos 81 DAT, influenciada por por diferentes tratamentos no Campus de Rampur, Rampur, durante 2014-2015

Fonte	df	SS	EM	Valor F	Prob
Tratamento	4	1571	92.8	5.77	0.00789**
Replicação	3	224	74.7	1.098	0.3877

Erro	12	816	68
Total	19	2611	

*= significativo (a p=0,05), **= altamente significativo (a p=0,01), ns= não significativo

Apêndice 4. Análise de variância da AUDPC1 da folha influenciada por diferentes tratamentos no Campus de Rampur, Rampur, durante 2014-2015

Fonte	df	SS	EM	Valor F	Prob
Tratamento	4	12680	3170	2.40	0.1070
Replicação	3	47900	15967	12.12	0.000606
Erro	12	15800	1317		
Total	19	76380			

*= significativo (a p=0,05), **= altamente significativo (a p=0,01), ns= não significativo

Apêndice 5. Análise de variância de 0f AUDPC da folha influenciada por diferentes tratamentos no Campus de Rampur, Rampur, durante 2014-2015

Fonte	df	SS	EM	Valor F	Prob
Tratamento	4	74800	18700	5.18	0.0116*
Replicação	3	27520	9173	2.54	0.105
Erro	12	43280	3607		
Total	19	145600			

*= significativo (a p=0,05), **= altamente significativo (a p=0,01), ns= não significativo

Apêndice 6. Análise de variância do AUDPC total da folha influenciado por diferentes tratamentos no Campus de Rampur, Rampur, durante 2014-2015

Fonte	df	SS	EM	Valor F	Prob
Tratamento	4	125480	31370	4.62	0.016*
Replicação	3	140380	46793	6.93	0.005
Erro	12	80920	6743		
Total	19	346780			

Apêndice 7. Análise de variância do AUDPC médio da folha influenciado por diferentes

tratamentos no Campus de Rampur, Rampur, durante 2014-2015

Fonte	df	SS	EM	Valor F	Prob
Tratamento	4	313.7	78.43	4.65	0.016*
Replicação	3	351	116.98	6.93	0.005
Erro	12	202.3	16.86		
Total	19	867			

*= significativo (a p=0,05), **= altamente significativo (a p=0,01), ns= não significativo

Apêndice 8. Análise de variância da severidade da doença na vagem aos 91 DAT, influenciada por

por diferentes tratamentos no Campus de Rampur, Rampur, durante 2014-2015

Fonte	df	SS	EM	Valor F	Prob
Tratamento	4	531.20	132.80	1.44	0.27
Replicação	3	403.20	134.40	1.46	0.27
Erro	12	1100.80	91.73		
Total	19	2035.20			

*= significativo (a =0.05), **= altamente significativo (a p=0,01), ns= significativo

Apêndice 9. Análise de variância da severidade da doença na vagem aos 101 DAT, influenciada por

por diferentes tratamentos no Campus de Rampur, Rampur, durante 2014-2015

Fonte	df	SS	EM	Valor F	Prob
Tratamento	4	1939.2	484.8	4.591	0.0176*
Replicação	3	860.8	286.9	2.717	0.0913
Erro	12	1267.2	105.6		
Total	19	4067.2			

*= significativo (a p=0,05), **= altamente significativo (a p=0,01), ns= não significativo

Apêndice 10. Análise de variância da severidade da doença na vagem aos 111 DAT, influenciada por

por diferentes tratamentos no Campus de Rampur, Rampur, durante 2014-2015

Fonte	df	SS	EM	Valor F	Prob
Tratamento	4	2492.80	623.20	10.03	0.00083**

Replicação	3	386.40	128.80	2.073	0.15
Erro	12	745.60	62.10		
Total	19	3624.80			

*= significativo (a p=0,05), **= altamente significativo (a p=0,01), ns= não significativo

Apêndice 11. Análise de variância de AUDPC1 de vagem influenciado por diferentes tratamentos no Campus de Rampur, Rampur, durante 2014-2015

Fonte	df	SS	EM	Valor F	Prob
Tratamento	4	110120	27530	3.17	0.053
Replicação	3	57680	19227	2.21	0.13
Erro	12	104120			
Total	19	271920			

*= significativo (a p=0,05), **= altamente significativo (a p=0,01), ns= não significativo

Apêndice 12. Análise de variância da AUDPC2 da vagem influenciada por diferentes tratamentos no Campus de Rampur, Rampur, durante 2014-2015

Fonte	df	SS	EM	Valor F	Prob
Tratamento	4	220480	55120	7.48	0.0028**
Replicação	3	59580	19860	2.69	0.092
Erro	12	88320	7360		
Total	19	368380			

Apêndice 13. Análise de variância do AUDPC total de vagem influenciado por diferentes tratamentos no Campus de Rampur, Rampur, durante 2014-2015

Fonte	df	SS	EM	Valor F	Prob
Tratamento	4	639880	159970	5.23	0.0112*
Replicação	3	231580	77193	2.52	0.10
Erro	12				
Total	19	366520	30543		

*= significativo (a p=0,05), **= altamente significativo (a p=0,01), ns= não significativo

Apêndice 14. Análise de variância do AUDPC médio da vagem influenciado por diferentes tratamentos no Campus de Rampur, Rampur, durante 2014-2015

Fonte	df	SS	EM	Valor F	Prob
Tratamento	4	159970	39993	5.23	0.011*
Replicação	3	57895	19298	2.52	0.10
Erro	12	91630	7636		
Total	19	309495			

*= significativo (a p=0,05), **= altamente significativo (a p=0,01), ns= não significativo

Apêndice 15. Análise de variância do peso do teste (peso de 1000 sementes) influenciado por diferentes tratamentos no Campus de Rampur, Rampur, durante 2014-2015

Fonte	df	SS	EM	Valor F	Prob
Tratamento	4	2.65	0.66	2.95	0.064
Replicação	3	0.75	0.25	1.12	0.37
Erro	12	2.69	0.22		
Total	19	6.09			

Apêndice 16. Análise de variância do rendimento influenciado por diferentes tratamentos, com base em valores transformados em log, no Campus de Rampur, Rampur, durante 2014-2015

Fonte	df	SS	EM	Valor F	Prob
Tratamento	4	0.34	0.085	1.045	0.42
Replicação	3	0.25	0.086	1.05	0.40
Erro	12	0.97	0.081		
Total	19	1.56			

*= significativo (a p=0,05), **= altamente significativo (a p=0,01), ns= não significativo

Apêndice 17. Análise de variância da incidência de doenças nas sementes colhidas como influenciada por diferentes tratamentos no Campus de Rampur, Rampur, durante 2014-2015

Fonte	df	SS	EM	Valor F	Prob
Entre	4	1259	314.8	2.77	0.066
Dentro de	15	1704	113.6		
Total	19	2963			

*= significativo (a p=0,05), **= altamente significativo (a p=0,01), ns= não significativo

MIX
Papier aus verantwortungsvollen Quellen
Paper from responsible sources
FSC® C105338

Printed by Books on Demand GmbH, Norderstedt / Germany